SOUVENIRS

D'UN

VOYAGE EN CHINE

CONFÉRENCES FAITES A MONTBÉLIARD.
DE 1864 A 1867,

PAR

L. F. JUILLARD,

ANCIEN AUMONIER DE L'ARMÉE D'EXPÉDITION DE CHINE,
CHEVALIER DE LA LÉGION D'HONNEUR
ET PASTEUR A VALENTIGNEY.
(Doubs).

MONTBÉLIARD,
IMPRIMERIE ET LITH. DE HENRI BARBIER.

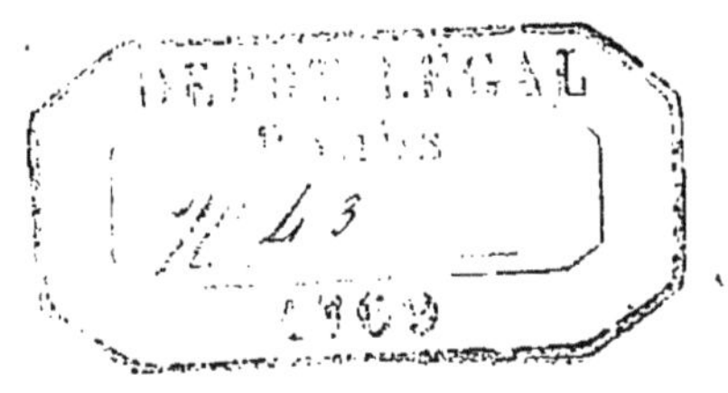

SOUVENIRS

D'UN

VOYAGE EN CHINE.

SOUVENIRS

D'UN

VOYAGE EN CHINE

CONFÉRENCES FAITES A MONTBÉLIARD,
DE 1864 A 1867,

PAR

L. F. JUILLARD,

ANCIEN AUMONIER DE L'ARMÉE D'EXPÉDITION DE CHINE,
CHEVALIER DE LA LÉGION D'HONNEUR
ET PASTEUR A VALENTIGNEY.

MONTBÉLIARD,
IMPRIMERIE ET LITH. DE HENRI BARBIER.

PRÉFACE.

Je ne me serais probablement jamais décidé à publier cette relation de voyage, si je n'y avais été amené par des circonstances particulières. Lorsque des conférences eurent été organisées par la société d'émulation de Montbéliard, quelques-uns de mes amis, me proposèrent d'y prendre part. Très-flatté de pouvoir leur être agréable, je m'engageai à faire le récit de mon voyage. Au lieu d'une conférence, j'en fis quatre, qui forment aujourd'hui les quatre parties de ce petit livre. Une fois le travail fait, j'ai pensé qu'il pourrait trouver place dans les bibliothèques populaires de nos campagnes et j'ai pris le parti de le faire imprimer.

Mon plan était facile à tracer; je n'ai fait que raconter ce que j'ai vu dans l'aller et dans le retour, ainsi que pendant mon séjour en Chine. La langue d'un peuple est d'un puissant secours pour recueillir des observations et apprendre à le connaître, mais à mon grand regret, cet auxiliaire me manquait, et j'ai dû y suppléer par la lecture de quelques ouvrages qui ont beaucoup contribué à étendre le cercle de mes observations. Je citerai entr'autres: Souvenirs d'une ambassade en Chine et au Japon, par M. de Môges. — Voyages à Pékin, par G[es] de Keroulée.

Comme on pourra s'en assurer par la lecture de cette notice, je n'ai nullement eu l'intention de faire un ouvrage complet sur la Chine, mais uniquement de donner une idée des contrées que j'ai traversées ou habitées; elles ne sont pas nombreuses et toutes voisines de la mer.

Au reste, la modestie de mes prétentions me vaudra, j'espère, l'indulgence de mes lecteurs.

SOUVENIRS

D'UN

VOYAGE EN CHINE.

PREMIÈRE PARTIE.

Les campagnes de Crimée et d'Italie venaient d'être couronnées d'un plein succès, lorsque l'Angleterre et la France s'unirent et se préparèrent pour une nouvelle expédition. Des aumôniers protestants avaient été attachés aux deux premières :

En Crimée, ils avaient été rétribués au moyen d'une souscription ouverte chez tous leurs coréligionnaires français ; un Comité protestant gérait les fonds recueillis.

En Italie, il en fut autrement : le Gouvernement

de l'Empereur, mû par ce sentiment d'équité qui le distingue et l'honore, rendit aux protestants la justice qui leur était due.

Les aumôniers des Eglises évangéliques furent traités avec la même faveur et les mêmes égards, que les aumôniers catholiques, et rétribués aux frais de l'Etat.

Lorsque le contingent Français fut à la veille de s'embarquer pour la Chine, le gouvernement de sa Majesté l'Empereur Napoléon III, arrêta qu'un aumônier protestant serait adjoint au corps expéditionnaire.

Un appel fut en conséquence adressé à tous les pasteurs français. Pas plus que tous mes collègues de l'Inspection de Montbéliard et de beaucoup d'autres lieux, je n'étais disposé à m'éloigner du foyer domestique. Le moment de faire le recencement des aspirants à cette mission étant venu, je vis Monsieur Masson, le digne et respectable Inspecteur ecclésiastique d'alors, et à la suite d'un court entretien, je me sentis pressé de changer d'avis, et j'autorisai M. Masson à me présenter comme candidat à cette place, à défaut d'un plus capable.

Le petit nombre des aspirants à cet emploi ne

contribua pas peu à favoriser mon élection. Sur la présentation du Président du Directoire des Eglises de la Confession d'Augsbourg, je fus désigné par son Excellence le Ministre de la Guerre d'accord avec son Excellence le Ministre des Cultes, pour faire partie de cette expédition lointaine.

Dès le commencement de novembre 1859, on embarqua des troupes et des munitions de guerre. A la fin de décembre de la même année, la plupart des bâtiments de guerre qui emportaient le personnel et le matériel du petit corps expéditionnaire français, avaient pris la mer. Le général en chef, Cousin de Montauban, accompagné de son état-major, ne tarda pas à se rendre à son poste par une voie plus directe.

Vers le milieu de janvier 1860, je fus informé de ma nomination, avec l'avis de me tenir prêt à partir. Mais je ne reçus cet ordre de départ que le 5 avril suivant. Il restait en partance trois grands transports à vapeur. Ces bâtiments avaient à bord, outre un personnel assez nombreux, dix canonnières démontées par tranches, avec leurs munitions.

L'armement de chacune de ces canonnières consistait en une pièce rayée de 36, dont la portée dépasse celle des canons ordinaires de remparts.

Le *Weser*, l'*Européen* et le *Japon* quittèrent le port de Toulon au commencement d'avril, et à quelques jours de distance. C'est sur ce dernier qu'une place m'était réservée.

Parti par la ligne de Strasbourg pour Paris, où je devais m'arrêter, j'arrivai le 9 avril, à 6 heures du soir à la gare de Toulon, où m'attendait un de mes neveux, M. Christophe Lods, capitaine au 70e de ligne. Il était lié d'amitié avec un lieutenant de vaisseau, M. Devarenne de Besançon. Instruit du but de mon voyage, ce généreux compatriote me fût d'un grand secours pour régulariser ma position ; il m'accompagna chez toutes les autorités que je devais voir.

Il alla lui-même installer mon bagage sur le *Japon* et me recommander à M. Reveillère de Brest second du navire. Il me dirigea dans tous les préparatifs qu'exige un pareil voyage et que mon inexpérience m'aurait laissé ignorer. J'eus aussi à me louer du bon accueil et des soins empressés dont m'entoura M. Emile Dorian, alors ingénieur de marine.

Le 11 avril à 8 heures du matin, conformément à l'ordre d'embarquement qui m'avait été donné la veille, à l'intendance militaire, je dûs me rendre à bord du *Japon*, mouillé à un kilomètre du port. Un canot de ce bâtiment attendait son chargement de passagers. Le vent était fort, la mer houleuse et il pleuvait. A peine eus-je mis le pied dans cette légère embarcation, qu'un officier de marine, qui m'y avait précédé, s'empressa de me venir en aide ; car j'avais les bras encombrés de paquets et de provisions de voyage. Cet officier était le lieutenant de vaisseau M. Alix, fils d'un général d'artillerie, sous le premier Empire. Il venait de se séparer de sa femme, dangereusement malade à Toulon, et qu'il ne devait plus revoir. Il portait à son bras le signe du deuil ; il avait perdu depuis quelques mois un fils d'une dixaine d'années, qui était pour lui une source de joie. L'intérêt qu'il me témoigna, sans m'avoir jamais vu, me fit comprendre plus tard, qu'il avait pu prendre connaissance de ma personne et du caractère dont j'étais revêtu, dans les bureaux de l'Intendance. Ce fut pour moi une précieuse connaissance.

Arrivés à bord du *Japon*, il me présenta au commandant et au second, m'introduisit dans ma cabine voisine de la sienne et de celle du chirurgien-major. Dès ce moment cet excellent homme ne cessa de me prodiguer des témoignages d'intérêt et d'amitié, jusqu'au moment où il fallut nous quitter. Ce fut à l'île Bourbon où il rejoignit la *Cordelière* en station sur les côtes orientales de l'Afrique.

Dès 8 heures du matin, nous attendîmes avec grande impatience le signal du départ, qui n'arriva que vers 4 heures du soir.

Ainsi relégué sur le pont de ce navire, comme dans une forteresse, d'un côté, à travers la brume, la vue de la montagne rocheuse et élevée qui domine cette ville de guerre, de l'autre cette immense étendue d'eau agitée, qui présentait dans le lointain l'aspect d'une couche de neige chassée par le vent, et le spectacle des promeneurs dans les rues et sur le port, agissaient plus sur mon cœur, que le mal de mer.

A 6 heures, toutes les mesures indispensables étaient prises, et le *Japon* se mit en mouvement. Pendant le dîner, le second, qui m'avait fait placer à côté de lui, me demanda si j'avais déjà voyagé sur mer. A ma réponse négative. il m'engagea à me précautionner, à me prémunir contre les inconvénients du mal de mer.

Qu'appelez-vous mal de mer, lui dis-je; et quelle en est la cause? Le mal de mer, me répondit-il, est un mal de cœur, occasionné par le *roulis* ou mouvement du navire qui penche alternativement à gauche et à droite, ou par le *tangage*, balancement de l'avant à l'arrière. Si ce n'est que cela, repris-je, je crois pouvoir vous assurer que je n'aurai pas le mal de mer. Je n'ai jamais eu de vertiges en navigant sur le Doubs, et j'espère n'en avoir pas d'avantage sur la mer.

Il sourit et me dit, nous verrons demain· — Eh bien, oui, à dèmain.

Les personnes qui ont voyagé sur mer, savent par expérience que les plus grands rouleurs sont les navires à hélice; ceux à roues, roulent moins, et encore moins les voiliers; lorsque les voiles sont gonflées le navire penche toujours du même côté, à moins que le vent ne souffle directement sur l'arrière.

Le vent qui agitait la mer, dès le matin, suiva une marche croissante. Le second prévoyait sûrement les événements de la nuit. D'heure en heure les vagues devenaient plus grosses et plus menaçantes. Au bout d'un court espace de temps, beaucoup de passagers commencèrent à souffrir du mal de mer. A 11 heures du soir, la tempête était furieuse; le roulis était si fort, que rien de ce qui n'était pas solidement amarré ne pouvait rester debout.

Couché tantôt sur un flanc tantôt sur l'autre, le *Japon* présentait l'aspect d'un toit très-incliné. J'avais pris le parti de rentrer chez moi. Ma cabine n'était pas spacieuse; longue de deux mètres environ, deux personnes pouvaient à peine s'y croiser. Elle était établie pour deux passagers, et heureusement, je m'y trouvais seul. Il y avait deux couchettes superposées. J'avais déposé mes effets sur celle du bas. Après m'être cramponné pendant plus d'une heure dans celle du haut, dépourvue de ce qu'on appelle la planche à roulis, qui en fait une espèce de caisse profonde sans couvercle, je dus me laisser glisser au fond de ma cabine, roulé dans ma couverture. Pour préserver ma tête, j'avais les mains croisées sur la poitrine et les deux coudes prêts à recevoir les chocs. Fermement résigné a tout événement, je recommandai mon âme à Dieu, et vogue la nacelle.

Le bruit de la tempête était horrible; je n'entendais, tout autour de moi, que les craquements continus de la membrure du bâtiment, puis des gémissements semblables aux derniers accents d'un malheureux qui va être saisi par la main de la mort.

Tous les quinquets suspendus dans les corridors et dans les salles furent brisés. Dans toute l'étendue du bâtiment, au-dessus et au-dessous de l'entre-pont, où je ne respirais qu'avec peine, on entendait comme le cliquetis de verres, de bouteilles s'entrechoquant et se brisant. Je m'imaginais que le lendemain, il n'y aurait plus une seule pièce de vaisselle entière. Il y avait de quoi effrayer un novice tel que moi. Inutile de dire, que la nuit se passa sans dormir, et sans en avoir envie. Je fus heureux de voir revenir le jour et de sortir de ma petite prison. Mais ce n'était pas chose facile, je n'avais pas encore le pied marin.

Je marchais comme sur une meule qui tourne avec rapidité, en m'appuyant sur tout ce qui se présentait à droite et à gauche. Ce fut avec beaucoup de peine et de minutieuses précautions, que je pus me rendre dans le carré des officiers. J'eus le bonheur de me trouver du petit nombre de ceux qui purent prendre leur part du premier déjeûner. Nous étions cinq sur trente.

Ce frugal repas, où l'usage des mets tant soit peu liquides était presque impossible, fut pris comme à la dérobée. Rien ne pouvait rester sur la table, sans y être bien chevillé, et ce n'est qu'une jambe en avant et l'autre en arrière comme points d'appui que nous pouvions garder l'équilibre sur nos chaises. Après le déjeûner, lé second, M. Reveillère, qui avait été fort étonné de me voir figurer dans ce petit nombre de valides, m'aida à monter sur le pont, où je restai sur une banquette, comme cloué, jusqu'au dîner, et brûlant force tabac. Je pus contempler, pas trop à l'aise, il est vrai, cette mer grosse de fureur. Elle présentait l'aspect d'un pays très-accidenté : ce n'étaient que vallées et montagnes à traverser ; arrivé dans le fond, le navire se trouvait dans un gouffre d'où il ne sortait que par les efforts prodigieux de la machine.

Bien que le pont du *Japon* fut élevé de six mètres au-dessus du niveau de la mer, ça n'empêchait pas les vagues de le couvrir d'eau.

Vers les cinq heures du soir, la tempête commença à s'apaiser ; mais elle nous avait coûté cher :

Nous avions perdu une partie de nos provisions de ménage. Trois bœufs, de la volaille, des porcs tués par le roulis, furent jetés à la mer, par les ordres du commandant. Les moutons plus adroits ou plus heureux, échappés de leurs cages brisées, se promenaient dans les corridors en bêlant de détresse. J'en trouvai deux le matin couchés devant la porte de ma cabine.

Malgré le mauvais temps, nous faisions néanmoins du chemin, car le 12, vers le soir, nous commençâmes à découvrir les îles Baléares et les côtes d'Espagne. Le 14, il nous fut possible de voir assez distinctement, avec une longue vue, la ville de Carthagène, bâtie sur le bord de la mer, au pied d'une montagne très-rocheuse et sur laquelle on apercevait les ruines de vieux châteaux, et le lendemain, nous nous trouvions en face des côtes de Malaga.

Le temps était beau et calme, je respirais et marchais à mon aise. Je me promenais sur le pont du *Japon* qui avait plus de cent mètres de long et qui était couvert de passagers ; et la plupart guéris de leurs maux, contemplaient cette immense étendue d'eau qui avait si cruellement menacé nos jours, et permettait maintenant à leurs regards de se perdre au fond de la voûte céleste.

Le personnel du *Japon* se composait de militaires qui se rendaient à St. Denys, capitale de l'île de la Réunion. Parmi eux étaient 40 gendarmes, de l'infanterie de marine, détenus au service de la

Colonie, et un dépôt du 102e de ligne qui avait pour mission d'établir, dans cette même île, une ambulance pour les malades et les blessés de l'armée de l'expédition de Chine. Cette position était certainement des mieux choisie pour la salubrité et le climat, mais trop éloignée du théâtre de la guerre; aussi l'ambulance est-elle restée à l'état de projet.

Le reste du personnel se composait de Spahis et de chasseurs d'Afrique devant servir d'escorte au général en chef, d'autres militaires de toutes armes, d'infirmiers, de trois jeunes Parisiens qui se rendaient à Shang-Haï, comme élèves-interprêtes et d'un sous-lieutenant d'artillerie, M. Malterre, de Vesoul.

Le 15, jour de la *Quasimodo*, entre trois et quatre heures de l'après-midi nous franchîmes le détroit de Gibraltar, par un temps très-calme et un beau soleil qui nous permit de voir les deux rives, à l'œil nu. D'un côté ce fort de Gibraltar, ouvrage de la nature, hérissé de canons incrustés dans le rocher, et de l'autre Ceuta. En nous éloignant du rocher nous découvrîmes la ville de Gibraltar, contournant ce fort du côté du couchant. La distance de Gibraltar à Ceuta est d'environ 20 kilomètres.

Du point où nous étions nous avions en vue et nous distinguions nettement à l'œil nu, les villes de Gibraltar aux maisons noires et, dans la province de Séville, Algésiras dont les maisons blanches contrastaient avec la première. Ces deux villes sont séparées par une vaste baie que sillonnent des bâtiments à voiles, des bateaux à vapeur et des canots de pêcheurs. Doucement balancés entre deux continents, nos yeux avides passaient rapidement de l'un à l'autre. Nous aurions été heureux de séjourner quelque temps dans cet intéressant passage, mais le *Japon* semblait avoir pris à tâche de nous priver au plus vite de ce magnifique spectacle; le calme plat favorisait sa marche; il filait alors de 10 à 11 nœuds. Avant de perdre la terre de vue, nous pûmes encore contempler sur la côte d'Espagne, le cap de Trafalgar et sur celle d'Afrique, la ville de Tanger.

La nuit ne tarda pas à venir, tout disparut dans ses voiles, et bientôt après nous nous retrouvions en pleine mer.

Le lendemain 16 avril, de bon matin, je sortis de mon poulailler pour aller respirer sur le pont, où l'air était meilleur, et brûler là quelques pipes de tabac. D'un bout à l'autre, le pont était encombré de matelots et de soldats passagers ; l'eau y ruisselait de toutes parts : c'était le jour de lessive. Cette opération se fait vite et avec ordre. A huit heures le linge était lavé et pendu.

A neuf heures, le vent qui avait été faible pendant la nuit, commença à reprendre de la vigueur. Mon ami Alix s'approcha de moi et me dit : Voyez-vous ce grain ?

Après avoir promené mes regards tout autour du navire, je lui dis : je ne vois que des vagues et des nuages. Tout à l'heure me dit-il, nous aurons un gros vent. Dans ce cas, lui dis-je, c'est un mauvais grain ; pourvu qu'il ne vienne pas renouveler les angoisses de la nuit précédente.

La prédiction de M. Alix ne tarda pas à se réaliser. La mer devint furieuse ; le roulis d'une violence à tout mettre sens dessus dessous. Mais les précautions avaient été bien prises. Nous commençions à avoir le pied marin, et malgré cela, il était curieux de nous voir marcher en croisant, comme si nous avions été dans l'état d'ivresse le plus complet. Cette tourmente se fit sentir toute la nuit et une partie de la journée du lendemain.

Le 18 nous ramena le calme ; le temps était beau et chaud ; le thermomètre marquait 20 degrés.

Dans l'après-midi, nos yeux purent se rassasier à leur aise de la vue de quelques unes des îles Canaries, qui se montraient alternativement de tribord à babord. La vue de la terre avait toujours pour nous quelque chose de réjouissant.

Ces îles sont situées à environ 50 lieues de la côte d'Afrique. Elles étaient connues des anciens sous le nom d'Iles Fortunées. Ce ne fut que vers le milieu du 14e siècle que les Européens y pénétrèrent et notamment les Espagnols, qui finirent par en rester maîtres. Les habitants sont robustes, basanés, courageux, vifs, subtils et grands mangeurs.

Ténériffe est la plus importante de ces îles. Sa forme est celle d'un triangle, dont chaque côté a environ 15 lieues de long.

On évalue sa superficie à 1350 lieues carrées, et sa population à 70 mille habitants. Cette île est en partie couverte de hautes montagnes, dont la plus élevée est le fameux Pic, qui s'élève de 3818 mètres au-dessus du niveau de la mer, et peut être aperçu de 46 lieues en mer, par un temps favorable. Située près des tropiques, Ténériffe est favorisée de tous les dons que la nature a répandus sur les plus belles contrées équinoxiales. Le climat y est aussi agréable que sain, et rien n'égale la beauté des sites que présente la côte occidentale, où règne un printemps perpétuel.

Les collines sont couvertes de vignobles jusqu'à leurs sommets, et les vallées, d'orangers, de dattiers, de cannes à sucre, de figuiers, d'oliviers, de lauriers et d'une infinité d'autres espèces d'arbustes odoriférants.

Les productions consistent en vin, froment et fruits de toutes sortes. Le vin que l'on y récolte, quoique moins estimé que celui de l'île voisine, de Madère, est néanmoins l'objet d'un commerce considérable, et on en exporte annuellement de 10 à 15 mille pipes. Santa-Cruz est le principal port de l'île. La cime du Pic est presque toujours couverte de neige, sans qu'il gèle jamais dans l'île. On y fait deux récoltes de blé par an.

Nous nous éloignâmes trop vite de ce pays de Cocagne, et malheureusement sans en avoir joui autrement que par les yeux et par les descriptions qu'on nous en faisait.

Nous n'avions plus l'espoir de voir la terre avant d'arriver à la station, où notre commandant, M. Libaudière de Brest, devait renouveler sa provision de charbon et remplacer le gros et menu bétail dont la tempête du Golfe de Lyon nous avait privés.

Du 18 au 22, notre navigation fut constamment rapide et agréable. Le temps était beau et la chaleur n'augmentait qu'insensiblement. Le moment était propice pour écrire ses impressions et préparer des lettres.

Le 22 vers 2 heures après-midi, le *Japon* jeta ses ancres devant Gorée. C'était la première fois que je voyais cette manœuvre.

Gorée est une petite île sur la côte d'Afrique, près du Cap-Vert. Elle a une certaine importance à cause de la bonté de sa rade et de sa position géographique. Les Hollandais l'achetèrent du roi du Cap-Vert en 1617 et la fortifièrent. Elle fut prise par les Français en 1677.

Les Anglais s'en emparèrent pendant les guerres de l'Empire et la rendirent en 1817. Son importance pour la France est d'autant plus grande, qu'elle se trouve à proximité de la colonie du Sénégal, et sert d'entrepôt de commerce. Elle est défendue par deux forts, celui de St-Michel et celui de St-François, tous deux bâtis sur un rocher. Sa population est de 5 à 6 mille âmes. Il y avait comme commandant, lors de notre passage, un capitaine d'artillerie, et pour le service, une compagnie d'infanterie de marine. Il n'y a de place dans l'île que pour la ville, les forts, les magasins et les chantiers. Elle est d'une telle aridité que je n'y ai pas vu un brin d'herbe, ni le plus petit arbrisseau ; on y marche sur un sable brulant. Le thermomètre montait à plus de 30 degrés.

Les habitants sont un mélange de noirs et de blancs. Ces derniers, tous d'origine française, y sont nombreux, ce sont des militaires et des employés, ou des négociants. A côté des huttes à nègres, on voit de très-belles constructions ; il y a de superbes magasins, bien assortis en toutes sortes d'articles, particulièrement en étoffes de coton, en comestibles et surtout en liqueurs.

Parmi les nombreux noirs qu'on y rencontre, les uns n'ont d'autre vêtement qu'une ceinture autour des reins ; d'autres sont habillés à la française, tantôt chaussés, tantôt nu-pieds, et rappellent un peu les troupes joyeuses du carnaval ; d'autres enfin s'entournent la tête et le corps de morceaux de pièces d'indienne, de plusieurs mètres de longueur. Parmi les indigènes, il y a beaucoup de Mahométans.

Nous eûmes la chance d'assister à une de leurs

fêtes religieuses. Ils célébraient le Radaman, et leurs Marabouts faisaient retentir les rues de chants qui ressemblaient à des cris sauvages. Sans la gravité de leur démarche et le sérieux de leur visage, on aurait pu croire qu'ils s'amusaient.

Cette population noire vit en grande partie de pêche. Quelques-uns travaillent sous la direction et pour le compte de l'administration française, comme maçons, charpentiers ou manœuvres; mais c'est le plus petit nombre. On voit les autres, ou flaner en mendiant, ou couchés en plein soleil, la tête nue, dans un sable qui nous brûlait les pieds. Les rues sont remplies de ces malheureux.

Le port est encombré de petits garçons, nus comme des vers et qui, les yeux braqués sur les navires, épient le moment où ceux-ci se disposent à entrer dans le port. Ils s'attachent alors aux étrangers comme des sangsues, pour récolter quelques pièces de monnaie, bientôt échangées contre de l'eau-de-vie, qu'ils boivent en compagnie de leurs parents. Ils ne permettent pas qu'un passager garde quelque chose en main, pas même sa canne; ils s'emparent de tout ce qu'il porte et le suivent comme les chiens les plus fidèles, jusqu'au moment où ils retournent à bord des navires, et tout cela, pour la plus modique rénumération. Les vieilles négresses sont passionnées pour le tabac en poudre, qu'elles prennent non-seulement par le nez mais par la bouche. Je suis entré dans plusieurs huttes de nègres ; et j'étais toujours le bien-venu, quand j'ouvrais ma tabatière. Cette population inspire tout à la fois la pitié et le dégoût. Nul doute qu'avec des soins et de l'éducation, on n'en fit des êtres plus utiles à eux-mêmes et à la société.

J'en ai vu un grand nombre comprendre et parler le français, et surtout ne pas se tromper sur la valeur des monnaies.

C'est le cœur angoissé, que j'ai remarqué parmi les négrillons des peaux un peu moins foncées, qui dénotaient une origine quelque peu européenne.

A Gorée, comme dans tous les autres ports où nous avons fait relâche, nous n'étions pas encore à l'ancre, que déjà de nombreux canots ou plutôt des pirogues * chargées de fruits ou de quelqu'objet de curiosité, entouraient notre navire. On ne recevait guère à bord que les laveurs ou laveuses de linge, qui ont soin pour établir leur qualité, de se munir de livrets sur lesquels ils recueillent la signature de leurs clients. Il nous est arrivé plusieurs fois d'y

(*) Bateaux des sauvages, faits d'un seul arbre creusé.

lire les noms des officiers qui nous avaient précédés. A Gorée, j'ai fait laver mon linge par une négresse parlant très-bien français ; elle me l'a rendu en très-bon état, bien plié et repassé. Je fus frappé du soin qu'elle avait mis à remettre des boutons partout où il en manquait.

A quelques portées de fusil de Gorée, on aperçoit un village nommé Dakar ; c'est le chef-lieu d'une petite royauté noire, soumise à la France. Cette localité n'est pas sans intérêt pour le gouvernement, et bien que le voisinage n'en soit pas dangereux, la France a jugé bon, sinon de s'en emparer, au moins d'y avoir des fonctionnaires. Elle paie à titre d'indemnité, une redevance de 300 francs par an au roi noir, à qui elle a fait construire une maison très-confortable ; mais il ne l'habite que lorsqu'il est entouré de ses visiteurs, protecteurs et amis. En temps ordinaire, il vit avec ses femmes et ses enfants, dans des huttes voisines, sans aucune marque de distinction, qui puisse le faire reconnaître au milieu de ses sujets.

Il est néanmoins pourvu d'un costume plus ou moins royal, dont il ne se revêt que quand il doit recevoir des personnages blancs, ce dont il se fait gloire et honneur. Il se montre toujours très-flatté de son alliance avec la France. On lui a fait don d'un pantalon à larges bandes dorées, d'un habit d'uniforme avec des épaulettes jaunes à graine d'épinards, et pour coiffure, d'un grand claque un peu moins coquet que ceux de nos officiers de grosse cavalerie. Il a aussi un grand sabre pendu à sa ceinture. Mais les blancs ses meilleurs amis n'ont pu encore lui faire comprendre qu'avec ce costume il faut avoir les pieds chaussés. Il se trouve plus à l'aise avec sa chaussure naturelle et il la préfère.

Les mœurs bizarres du père laissent aisément deviner l'éducation sénégaloise des fils.

Plusieurs de mes compagnons de voyage et des officiers du bord se rendirent un jour à Dakar pour y faire une partie à cheval; car ce village est pourvu de belles et bonnes montures. Ils avaient eu soin de se munir des provisions nécessaires, pour réparer les forces perdues par les fatignes de l'excursion.

Leur première pensée fut de faire visite au roi, qui les reçut avec sa pompe accoutumée, et leur présenta ses fils.

La différence de langage mit bien vite un terme à la conversation, qui avait dû se réduire à quelques signes. Le roi ne tarda pas à laisser ses visiteurs maîtres du logis. Ces derniers en usèrent avec confiance; mais accablés par la chaleur, qui était excessive, ils renoncèrent à la cavalcade projetée et trouvèrent plus à propos de prendre un peu de repos sur les sofas du palais, qui consistaient en nattes de joncs et rouleaux de même étoffe.

Les susdits Princes attirés par la curiosité de leur âge, et sans doute désireux de jouir par avance de la la vue des cadeaux qu'ils présumaient devoir leur être offerts, visitèrent en détail les effets déposés dans une pièce réservée. Sans plus attendre, ils se mirent à table et consommèrent les vivres des visiteurs. Grande fut la surprise de ces derniers, quand, à leur réveil, ils trouvèrent la besogne faite.

Le 26 avril, le *Japon* prit ses dispositions pour continuer sa route. L'*Européen*, parti six jours avant nous de Toulon et que nous avions rejoint à Gorée, avait déjà repris la mer, et le *Catinat* venant de Chine, et devant repartir le lendemain, s'était chargé de nos lettres pour la France.

La chaleur allait en augmentant: Le thermomètre montait de 30 à 32 degrés. Le repos dans la cabine devenait impossible; il fallait de temps en temps, même pendant la nuit, monter sur le pont, pour respirer plus à l'aise. Nous approchions de la Ligne, la navigation était devenue tout-à-fait facile et agréable; et dès ce moment, on vit apparaître tous les jours sur le pont au milieu des habitués, sept sœurs de charité et la femme d'un sous-lieutenant d'artillerie de marine, avec une petite *bebée*, qui fut bientôt l'objet de toutes les caresses. Ces dames ainsi que les femmes de quelques gendarmes, voyageaient toutes à destination de Bourbon. Jusqu'alors je n'avais entrevu que quelques-unes d'entr'elles, bien que les Sœurs eussent leurs cabines presque vis-à-vis de la mienne.

Elles avaient beaucoup souffert pendant cette première traversée, et aussitôt que le roulis ou le tangage se faisait sentir, le mal de mer recommençait. Elles touchaient alors à l'état de convalescence et, comme tout le monde, elles éprouvaient le besoin de respirer plus librement. Ma présence au milieu de tout ce monde parut surprendre un peu les Sœurs; elles se tinrent d'abord à mon égard, sur une certaine réserve; mais peu à peu la petite causerie s'engagea avec moi comme avec tout le monde. Je fis plus tard l'acquisition d'un binocle dont elles faisaient volontiers usage, dès qu'on avait en vue la terre ou quelque navire.

Tous les soirs quand le temps le permettait, elles assistaient à la prière, que faisait, sur le pont, le maître d'armes, à défaut d'un aumônier catholique. Cette prière consistait dans la récitation du *Pater* et d'une invocation à la Vierge. J'étais surpris, après avoir entendu ce même maître d'armes, implorer la miséricorde et la grâce du Père céleste, crier d'une voix sonore : *les punitions*. C'était en effet le moment où l'on appelait les coupables, rebelles ou désobéissants de la journée, et où l'on faisait connaître les divers châtiments qui devaient leur être infligés.

Deux jours avant le passage de la ligne, nous avons rencontré ce que les marins appellent le *poteau noir*, (ou *pot-au-noir*). Le ciel s'est couvert de nuages, et il nous est arrivé une petite pluie, qui, en rafraîchissant l'air, nous a redonné un peu de vie. Nous n'étions pas loin d'avoir le soleil perpendiculairement au-dessus de nos têtes.

Le 2 mai le *père tropique* cherchant midi, fit son apparition au milieu de nous. Le lendemain, jour du passage, il reparut comme ambassadeur du *père la Ligne*, apportant des lettres et des présents au commandant de notre navire. A midi, le *père la Ligne* parut en personne avec sa suite. Une promenade triomphale eut lieu sur le pont du *Japon*. Les poignées de farine et de noir de Lyon n'étaient point épargnées par les satellites de ce grand péager. Matelots et soldats, pour en bien rassembler les molécules, y répondaient par des coups de pistons.

Les préparatifs du baptême achevés, les néophytes furent invités amiablement, les uns après les autres, à s'approcher de la chapelle où un autel avait été dressé, et devant lequel le prêtre élu par l'équipage dit préalablement sa messe.

La gendarmerie préposée *ad hoc*, avait l'ordre d'amener, de gré ou de force, tous les appelés, sans distinction de rang ou de grade.

Après la messe, le prêtre prit place dans la chaire, que des cordages partant des vergues, élevèrent au-dessus de son auditoire. Une secousse déterminée par la détente de ces cordages, lui fit éprouver un moment d'effroi tel, qu'il resta muet, malgré le discours que lui avait préparé l'un des officiers du bord, et qu'il avait en poche. Ce qui ne manqua pas de laisser quelques regrets.

Alors eut lieu le baptême : on commença par les bonnes Sœurs, auxquelles revenait de droit cet honneur. On se contenta de leur laisser tomber quelques gouttes d'eau dans les manches, puis sous l'escorte d'un galant commandant d'infanterie de marine, qui offrit son bras à la Supérieure, elles rentrèrent chez elles.

Sachant bien que mon tour ne tarderait pas à venir, j'avais un œil attentif sur mes devanciers, les regardant un peu comme des parrains. L'expérience a partout ses avantages ; aussi rien n'échappait à mon observation, au moins m'efforçai-je de ne ne rien perdre de vue. Ce fut un enseigne de vaisseau du bord, qui fut appelé le premier sur les fonds. J'étais très-rapproché et je pus me faire une idée claire et nette de la cérémonie.

Un aide-major succéda au précédent, et eut le même sort : chacun d'eux avait pris un bain auquel je m'étais bien promis d'échapper. Mais on compte souvent sans son hôte. J'étais le troisième sur la liste.

Je fus d'abord soumis aux préliminaires accoutumés, et invité à prendre place sur un fauteuil, sous prétexte qu'il fallait cirer mes souliers, préliminaire indispensable : c'est pendant cette opération que se fait l'étrenne. Mais qui veut trop savoir ne sait guère : Il y avait là devant moi un plateau où les néophytes déposaient leur offrande ; je voulais de bien bon cœur y déposer la mienne, et je m'y étais préparé ; mais ne voilà-t-il pas qu'au moment critique, j'oublie mon offrande; mon décrotteur improvisé ne l'avait pas oubliée, et pour cause. Sa brosse, imbibée de cirage, passant de mes pieds à ma figure avec la rapidité de l'éclair, me rappela de ma distraction avant que j'eusse le temps d'interposer ma main.

On me fit ensuite asseoir sur une baignoire, au travers de laquelle était placée une planche. Sur le bout opposé à celui destiné au néophyte, était assis un matelot, qui par une politesse bien ordonnée, se levait dès que celui-ci s'asseyait. J'avais bien étudié le stratagème; je m'étais préparé, et la politesse du matelot ne m'avait point été onéreuse. Mais on prétendit que mon baptême n'était point valable. Il fallut me résigner à une seconde épreuve. A peine avais-je fait un léger mouvement pour reprendre ma première position, que le bon matelot, me saisissant par les deux épaules, me baptisa tout du long.

Dès que je fus sorti de la baignoire, l'eau me tomba dessus de tous côtés, les coups de pistons, les sceaux, rien n'y manqua. N'y voyant plus, au milieu de ce déluge, j'eus de la peine à regagner ma cabine, d'où je ne sortis qu'après la cérémonie du baptême, qui se prolongea longtemps encore.

Si c'eût été de l'eau douce, l'aspersion aurait

été très-agréable, par le temps qui courait; mais enfin, j'avais acquitté mon droit de péage par devers le père La Ligne, et je fis remettre à qui de droit, par le second du bâtiment, l'offrande qui était restée dans ma poche.

Pendant ce temps le *Japon* avançait à marche rapide : il filait de 9 à 10 nœuds. A mesure que nous nous éloignions de la ligne nous remarquions la recrudescence de la chaleur.

Le 6 mai nous offrit un spectacle inaccoutumé. Au moment où le soleil se couchait au nord, la lune pleine paraissait au midi. Ces deux grands luminaires opposés ainsi l'un à l'autre, et réfléchis par les eaux de la mer, nous firent oublier bien des peines. La nuit commençait à six heures et le jour à six heures et demie. Nous allions à la rencontre de l'hiver du Cap de Bonne-Espérance, et pourtant la chaleur était grande; le thermomètre montait de 33 à 34 degrés.

Le 8 mai à six heures du soir, le *Japon* jeta ses ancres devant St. Paul de Loanda. Cette ville, fondée en 1578, est bâtie en amphitéâtre au fond d'une baie vaste et bien abritée. Elle est plus belle de loin que de près. Il y a quelques beaux édifices. Les rues, comme à Gorée, sont très-larges et remplies de nègres couchés dans le sable. Les magasins n'y sont pas aussi beaux qu'à Gorée. On n'y parle que le Portugais et l'Espagnol. Notre argent n'y a pas cours; on n'y voit que des sous portugais, gros comme nos pièces de cinq francs en argent; et tout y est excessivement cher. St. Paul de Loanda est le lieu de départation des Portugais. Cette ville contient une population de 3 à 4 mille blancs et un nombre plus considérable de noirs, esclaves pour la plupart. Leur genre de vie est le même qu'à Gorée. L'intérieur du pays est peu productif. Ses principales branches de commerce sont l'huile de palmier, les cocos, et aussi la vente des esclaves. Un officier du bord me fit remarquer un vaisseau un peu à l'écart, ancré près de terre et me dit: vous ne le verrez plus demain. Je remarque à ses dispositions qu'il est chargé de nègres, et qu'il partira cette nuit.

En général le séjour de St. Paul de Loanda est le plus triste que nous ayons fait dans toutes les stations où nous avons relâché. La garnison avait quitté la ville pour aller châtier une tribu rebelle.

Le 17 mai, jour de l'Ascension, les bonnes Sœurs descendirent à terre pour assister à la messe; car cette ville est aussi le chef-lieu d'un Evêché portugais. Leur costume frappa tellement les noirs et les convertis de la colonie, qu'elles s'estimèrent bien heureuses d'être escortés jusqu'à l'église, par le commandant du *Japon* et un commandant d'infanterie de marine.

Elles furent suivies et contemplées de si près par cette foule de figures hideuses et repoussantes, qu'elles en furent effrayées, et se promirent bien de ne jamais y retourner.

Le costume des bonnes Sœurs paraît être inconnu non-seulement dans le Congo, mais ce qui est plus surprenant à tous les Portugais.

L'*Européen* qui avait été retardé par le manque de charbon, et était arrivé à St. Paul après le *Japon*, reprit le devant. Ces deux navires purent compléter leur provision : Un bâtiment anglais, chargé de charbon pour le service des vapeurs français, les attendait depuis plusieurs mois. Après un séjour de huit jours à St. Paul, le *Japon*, à son tour reprit la mer le 17 mai à 5 heures du soir. Le thermomètre marquait 35 degrés. Jusqu'au Cap, notre navigation n'offrit rien de remarquable. La mer était tantôt calme, tantôt agitée. Nous n'aperçumes ni terre ni voiles dans une traversée de plus de 800 lieues. A 150 lieues du Cap, une différence très-sensible dans la température commença à se faire sentir. Le thermomètre n'était plus qu'à 16 degrés au-dessus de zéro.

Le 26 mai dans l'après-midi, nous étions en vue du Cap de Bonne-Espérance, connu aussi sous le nom de Cap-des-Tempêtes.

Ce nom de Cap de Bonne-Espérance a été donné à une vaste étendue de pays qui, située à l'extrémité méridionale de l'Afrique, sépare l'Océan Atlantique de la mer des Indes.

L'entrée dans cette mer, après avoir doublé le Cap de Bonne-Espérance, a été l'un des plus grands événements maritimes, après la découverte de l'Amérique. Cette tentative hardie eut lieu pour la première fois en 1493, par une escadre portugaise; mais le commandant, effrayé par les tempêtes qui règnent presque continuellement dans ces parages, n'avait pas osé aller plus loin. Le célèbre Vasco de Gama partit du Portugal en 1497, à la tête d'une flotte considérable, doubla ce cap redouté, et fit voir pour la première fois des vaisseaux européens dans la mer des Indes.

Les Portugais ayant négligé de former un établissement au Cap de Bonne-Espérance, les Hollandais commencèrent en 1600 à jeter les fondements d'une colonie, qui ne prit cependant quelque consistance que vers le milieu du 17e siècle.

Ils pénétrèrent alors dans l'intérieur du pays et s'y établirent après avoir refoulé dans les montagnes les Hottentots, incapables de leur résister. Les Anglais s'emparèrent du Cap de Bonne-Espérance le 16 septembre 1795, le rendirent à la paix d'Amiens, le prirent de nouveau en 1806, et l'ont enfin gardé par suite des stipulations du Congrès de Vienne.

La plaine qui avoisine la mer est très-fertile; de nombreux ruisseaux y entretiennent la fraîcheur, et le climat y est plus doux que dans l'intérieur. Le pays est traversé par trois chaînes de hautes montagnes, et on y trouve un désert qui a 120 lieues de long sur 40 de large, qui est exposé en hiver à des pluies continuelles, et en été à des chaleurs excessives. On fabrique au Cap beaucoup de vin et d'eau-de-vie.

La colonie est divisée en quatre districts, qui sont: 1° Le *Cap-district*, dans le voisinage de Cap-Town; 2° Le *Stellenbosch*, qui comprend toute la côte occidentale, excepté le Cap-District ou district du Cap; 3° Le *Zwellendam*, qui s'étend le long de la côte méridionale; 4° Le *Graaf-Reynet*, qui comprend une partie du Karran ou désert, et les pâturages situés au pied de la montagne de Snewberg. Le Cap-district, auquel nous avons touché, est une péninsule formée à l'ouest par la mer, au Nord, par Table-Ray, et au Sud par False-Ray; elle est jointe au continent par un isthme plat et sablonneux. Le reste de la péninsule est couvert de montagnes, dont la plus remarquable est celle de la Table, qui forme l'extrémité septentrionale du Cap-district. Viennent ensuite la colline du Diable et la tête du Lion situées toutes deux à l'est. Cap-Town, le seul endroit de la colonie qui mérite le nom de ville, est agréablement située à l'entrée de Table-Ray, dans une plaine qui avoisine la montagne de la Table.

Dès que le *Japon* fut fixé sur ses ancres, à côté de l'*Européen* arrivé la veille, les officiers passagers furent autorisés à descendre à terre. Nous en étions éloignés d'un kilomètre environ. Je profitai avec empressement de cette permission. Pendant le dîner à l'hôtel du Commerce tenu par un Hollandais, qui parlait très-bien français, je fis la connaissance d'un coréligionnaire, capitaine du *Duc de Richelieu*, navire marchand de Bordeaux. Il m'invita à déjeûner le lendemain, jour de la

Pentecôte, et vint me chercher à bord du *Japon* pour me conduire au Cap. J'avais regret d'avoir accepté, tant la mer était grosse. Les canots se perdaient dans les vagues ; tantôt on les voyait, tantôt ils semblaient disparaître sous les eaux.

Après le déjeûner, le maître d'hôtel voulut bien se charger de me faire voir quelques églises, et j'eus l'occasion d'entendre plusieurs prédicateurs, Anglais et Hollandais.

Dans la principale des Eglises Luthériennes, j'entendis un chant ravissant auquel prenaient part tous les assistants. Je ne puis pas dire que ce temple très-grand et très-beau ait été une exception ; tous ceux que j'ai vus dans la ville du Cap étaient de bon goût, et bien appropriés au culte et à l'adoration de Dieu en esprit et en vérité.

Le Consul Hollandais, ancien de cette Eglise, ne s'étant pas rencontré dans la sacristie, et désireux de me voir, se rendit à l'hôtel du commerce où j'étais descendu ; mais j'étais absent, car je profitais de tous mes instants pour explorer la ville et ses alentours. Aussitôt rentré, je fus instruit de cette honorable visite et je m'empressai de me faire conduire chez ce généreux et bienveillant coréligionnaire. Je le trouvai au dessert, en tête à tête avec sa femme qui, elle aussi, descend d'une famille de réfugiés, et porte le nom de Bérenger. Je dus prendre place à côté d'eux et y passer un quart d'heure très-agréable.

De retour à mon hôtel, je trouvai une lettre de M. Faure, le doyen des pasteurs, qui, désireux de s'entretenir plus longuement avec moi de la patrie de ses ancètres, pour la quelle il paraissait pénétré d'une touchante affection, me priait d'accepter son dîner du lendemain à deux heures.

Je répondis que je me rendrais avec plaisir à cette aimable invitation, dans le cas où le *Japon* ne partirait que dans la soirée, comme on l'avait annoncé. Mais un autre obstacle insurmontable devait me priver de cet agréable rendez-vous. Pendant la nuit, la mer devint si grosse que le lendemain, il fut impossible de quitter le *Japon*, sur lequel une effrayable tempête nous retenait prisonniers.

Pour nous distraire des appréhensions de la nuit, nous eûmes le spectacle d'un bâtiment que la tempête de la nuit avait jeté à la côte et couché sur le flanc. Heureusement qu'il ne s'y trouvait ni hommes ni marchandises.

Pendant deux jours d'une cruelle épreuve, on ne vit au milieu de cette tourmente, que des hommes poussés par l'appas du gain, promener sur des bateaux semblables à des bacs, d'énormes ancres qu'ils offraient en location aux commandants des navires, qui avaient lieu de craindre de n'être pas suffisamment à l'abri du danger.

Ce commerce est très-lucratif, car ces ancres se louent jusqu'à mille francs par 24 heures. Il n'est pas rare de voir des bâtiments amarrés sur trois ou quatre ancres, battus et rudement agités par les flots. C'est dans cette pénible position que nous passâmes deux jours, enviant la liberté et le bonheur de ceux que nous apercevions, se promenant à leur aise sur le port et dans les rues de la ville.

Le mercredi matin, le calme était revenu. Le commandant de notre navire prit ses mesures pour activer son approvisionnement, se disposant à reprendre la mer sur le soir. Je profitai du premier canot mis à l'eau, pour me rendre à terre, faire mes emplettes particulières, prendre congé de ce respectable vieillard à qui il n'avait pas dépendu de moi, de tenir parole.

Il ne lui fallut que peu de temps pour s'entourer de sa famille et me faire prendre avec elle, un déjeûner succulant, auquel présida une affectueuse cordialité.

Il m'aurait été bien doux et bien agréable de prolonger mon séjour au milieu de cette aimable famille; mais l'heure du départ ne devait pas tarder à sonner. Il me fallut la quitter, le cœur oppressé et les yeux pleins de larmes, comme si j'avais été moi-même un de ses membres.

La ville du Cap est très-bien bâtie; la plupart des toits sont plats; les maisons n'ont qu'un étage, elles sont blanches et d'une propreté remarquable; de larges rues parallèles traversent la ville en lignes droites. L'œil est agréablement flatté par une succession délicieuse de vignes et de jardins, et les massifs d'arbres et d'arbustes au milieu desquels on découvre les maisons de campagne. Tout dans ce paysage annonce, non-seulement l'aisance, mais l'intelligence et la richesse.

Les promenades sont ravissantes; il en est une qui longe la ville du côté sud, et qui est surtout remarquable en ce que les vieux chênes qui la bordent, proviennent, m'a-t-on dit, de glands apportés de France par les réfugiés. Ce sont des témoins séculaires de l'acte aussi injuste que cruel de l'un de nos plus grands rois.

On rencontre au Cap tous les arbres fruitiers de notre patrie, excepté le cerisier. Tous ces arbres étaient alors en grande partie dépouillés de leurs feuilles, car nous étions à la fin de mai, c'est-à-dire que nous entrions en hiver. Dans le voisinage de la ville existe un jardin botanique bien entretenu, et un musée rempli des animaux les plus curieux de l'Afrique.

Une large voie fréquentée par les équipages de luxe sépare la promenade du jardin, et se prolonge en contournant la ville. Quand on est arrivé à son point culminant, on a devant soi des vignes, des jardins, et la ville sur un plan légèrement incliné vers la mer, puis enfin le port et la rade remplie de navires, se balançant mollement et quelques fois rudement sur les vagues écumantes, ce qui embellit singulièrement le coup d'œil. Dans la plaine au sud, et à quelques kilomètres de la ville, on aperçoit un grand nombre de moulins à vent, rivalisant de vitesse avec la force du vent.

Les magasins n'ont guère à envier à ceux des principales villes de France.

La province du Cap est très-fertile et bien cultivée ; elle produit de très-bons vins. Le plus renommé est celui de Constance, nom qu'il emprunte à une ferme composée de quelques bâtiments et qui appartient à deux familles de réfugiés français, qui ont emporté de France, les plants de ces vignes dont leurs descendants sont restés propriétaires de génération en génération.

Les descendants des réfugiés français, sont nombreux dans la province du Cap. Ils possèdent quelques-unes des plus belles fermes et des mieux tenues.

Parmi les noms qui rappellent la patrie, on m'a cité ceux de Hugo, Rousseau, Duplessy-Mornay, Bérenger et beaucoup d'autres qui m'ont échappé.

Quoique devenus Hollandais, par les habitudes, les mœurs et la langue, ils ont conservé quelque chose de français, et témoignent à ceux qui viennent de leur ancienne patrie, un intérêt touchant et gros d'émotions, aussi bien pour les visiteurs que pour les visités.

La population du Cap est de 30 à 40 mille âmes, parmi lesquelles, deux mille catholiques romains, et le reste protestants. Ils appartiennent à plusieurs églises ; les unes sont rattachées au gouvernement Anglais, qui fait les traitements de leurs pasteurs ; telles sont : l'Eglise anglaise et les Eglises réformées et luthériennes hollandaises. Les autres sont soutenues par diverses sociétés. La vie religieuse est grande dans toutes ces branches qui s'échappent d'un même tronc. Il semble que ces familles chrétiennes, groupées à l'extrémité de cette partie du monde où le christianisme est le moins connu, et peut-être le plus difficile à propager, ont pris à tâche de servir de guides et d'exemple à ces descendants de Cham, si disgrâciés de la nature. Le zèle religieux, modéré par la vraie liberté qui sait allier le droit au devoir, permet à toutes ces églises de vivre fraternellement entr'elles, et de s'aimer comme des sœurs.

La piété est grande chez toutes. Les dimanches y sont observés avec la plus ponctuelle exactitude. Les magasins, sans exception, sont fermés. Il y a, m'a-t-on dit, 40 lieux de culte dans la ville.

Les équipages sont nombreux au Cap, et tenus avec un grand luxe. On voit fréquemment quatre chevaux richement harnachés, attelés à des voitures resplendissantes d'or et d'argent. J'ai vu jusqu'à seize bœufs devant des voitures de roulage, ce qui, du reste, ne dénote pas des routes faciles et bien entretenues. Les cornes de ces bœufs sont d'une grosseur et surtout d'une longueur remarquables.

Comme la colonie du Cap est sous la domination Anglaise, cette puissance y a introduit la forme administrative de son pays. Il y a une chambre haute et une chambre basse, composées toutes deux, d'Anglais et de Hollandais; ceux-ci sont en grande majorité.

Les indigènes en sont encore exclus, jusqu'à ce que le moment de leur admission soit jugé propice et opportun.

La grande majorité de la population de la ville du Cap est blanche. Les Malais de race jaune, y sont en plus grand nombre que les noirs. Tous portent le cachet de la civilisation européenne tant par leurs vêtements et leurs habitudes de travail, que par la vie de famille.

Les Cafres de la colonie sont une des plus belles races de nègres; ils ont la taille haute, bien prise, et sont d'une forte constitution.

On m'a raconté qu'il y a quelques années, un faux prophète parcourut la Cafrerie, annonçant partout que si les habitants cessaient d'ensemencer leurs terres et tuaient leur bétail, tous leurs ancêtres ressusciteraient, et qu'eux-mêmes animés d'une vigueur nouvelle, jetteraient les blancs à la mer. Ces malheureux trop dociles à la voix du prophète, interrompirent tous leurs travaux et massacrèrent leurs animaux domestiques, ce qui occasionna un peu plus tard une affreuse misère. Un grand nombre périt et les autres n'échappèrent que grâce aux secours qui leur furent prodigués.

Le jour fixé pour la résurrection arriva, tous les Cafres avaient ponctuellement accompli la volonté du prophète, à l'exception de l'un des chefs, qui, bien que très-attaché à sa tribu, n'avait pourtant pas jugé prudent de suivre en tous points les conseils du prophète, dont il avait peut-être pénétré les intentions. Il n'avait pas tué son bétail, et s'était ménagé des provisions. La surprise et le désappointement de ne pas voir leurs ancêtres ressusciter plongea les Cafres dans une effroyable consternation. Trompés dans leur attente, privés de leur bétail, sans moyens d'existence, ils se mirènt à la recherche du prophète, qui s'était caché aussitôt qu'il avait vu avorter son projet de faire révolter les Cafres et de les porter au massacre des blancs. Quand ils l'eurent découvert, ils s'emparèrent de sa personne et le conduisirent devant le chef qui avait eu la sage précaution de ne pas suivre ses conseils. Mais lorsqu'on lui reprocha ses fausses prophéties, il se justifia en disant que si la prophétie n'avait pas reçu son accomplissement, c'est parce que le chef devant lequel il comparaissait, n'avait pas tué son bétail ; mais que cette résurrection n'était qu'ajournée. Ceux qui ont survécu aux conséquences mortelles de ce fanatisme d'un nouveau genre, sont encore dans l'attente de cette résurrection. Toute cette affaire coûta cher au gouvernement de la colonie, car il se vit obligé de subvenir aux besoins des Cafres, et de leur fournir les moyens de reprendre leurs travaux.

Le 29 mai, à cinq heures du soir, le *Japon* quitta la rade du Cap pour naviguer vers l'île Bourbon, où il devait déposer une grande partie de ses passagers : les bonnes Sœurs, les gendarmes et l'infanterie de marine. Cette traversée, qui se prolongea jusqu'au dix juin, n'offrit rien de particulier. Vers dix heures du matin, on aperçut la terre; après avoir longé l'île dans presque toute son étendue, du côté nord, nous arrivâmes devant Saint-Denys, la capitale, à trois heures de l'après-midi.

Le port qui est ouvert de tous côtés, est généralement d'un accès très-difficile. Sur les douze mois de l'année, il y a à peine trente jours de calme; mais nous fûmes favorisés ce jour-là. La mer était calme, le temps beau et clair nous permettait de bien contempler et de distinguer à l'œil nu tous les détails de la côte que nous longions. Les plantations de cannes à sucre, qui couvraient la montagne du haut en bas, en annonçaient la fertilité.

De distance en distance, d'élégantes habitations au milieu de ces riches plantations flattaient agréablement nos yeux. La ville de St-Denys est très-belle ; les rues en sont larges ; les maisons élégamment bâties sont séparées les unes des autres par des jardins remplis de fleurs, d'arbustes et d'arbres d'agrément. Les globes de feu qui éclairent les vérandas, donnent le soir à ces maisons un magnifique aspect, surtout admirable lorsqu'on les regarde depuis la rade.

Le surlendemain de notre arrivée, la mer devint si grosse, qu'on ne pouvait sans danger, descendre à terre. Je dus me résigner à contempler ces beautés de l'art et de la nature, à travers les yeux de mon binocle. J'acceptai cependant une aimable invitation à bord de la *Cordelière*, en station sur les côtes orientales de l'Afrique. Mon ami Alix, qui avait rejoint l'équipage de ce navire, vint me chercher en canot. J'eus ici occasion de voir un bâtiment armé en guerre et les matelots manœuvrer les canons. Il était si difficile de se transporter d'un navire à l'autre, et même à terre, qu'on fut obligé, pour y conduire les bonnes Sœurs, de les faire monter dans le canot hissé à côté du pont du *Japon* ; et au moyen de poulies fixées à l'extrémité des vergues, le canot fut descendu sur les vagues, qui le portèrent heureusement au port. Mais là se pré sentait une nouvelle difficulté : pour aborder le point de débarquement où les vagues vont se heurter, et où les canots un peu chargés sont en danger de se briser ou d'être renversés, il faut, dans ces moments de détresse, saisir rapidement et avec une certaine adresse, le moment où le canot est de niveau avec le pont, pour y mettre le pied. Ce n'est qu'avec l'aide des matelots exercés à cette manœuvre, et qui se les passèrent de mains mains, qu'elles vinrent à bout de toutes ces difficultés.

L'île Bourbon fut découverte en 1545, par les Portugais. Ils lui donnèrent le nom de Mascarenhas.

Les Français en prirent possession en 1642, mais ils ne s'y établirent qu'en 1649. Ils l'appelérent Ile de Bourbon, nom qui fut changé sous le premier Empire contre celui de Bonaparte, qu'elle porta jusqu'en 1814; aujourd'hui elle porte celui d'Ile de la Réunion. La superficie en est d'environ 213 lieues carrées, et la population de 80 mille âmes.

Cette île qui est d'origine volcanique et en grande partie montagneuse, renferme cependant de belles et fertiles plaines. Dans la partie méridionale se trouve un volcan dont les éruptions ont rendu stérile une vaste partie de terrain, que les habitants appellent *pays brûlé*. Les côtes, hautes et escarpées, n'offrent aucun port, mais seulement quelques bonnes rades. Le climat y est sain et agréable et moins chaud que ne semble l'indiquer sa latitude, avantage qu'elle doit aux brises qui soufflent presque constamment des montagnes, dont les sommités, couvertes de neige en hiver, donnent naissance, en été, à une infinité de torrents et de ruisseaux, qui fertilisent singulièrement le sol.

On tirait, il y a quelques années de cette île, beaucoup de café d'excellente qualité. Cette culture est aujourd'hui remplacée par celle de la canne à sucre.

Après un court séjour dans la rade de St-Denys, ville charmante, à l'aspect tout-à-fait européen, notre navire continua sa marche rapide sur Maurice, excellent port de l'île de France, où il devait prendre une bonne provision de charbon et de comestibles, pour la traversée de 1600 lieues que nous avions encore à faire sans toucher terre, et que nous devions accomplir en dix-neuf jours.

L'île de France est à 40 lieues de l'île Bourbon

et à 180 lieues de Madagascar. Son territoire est montagneux et bien boisé. La principale culture est la canne à sucre. Les Français s'y établirent en 1720. Un effroyable ouragan y détruisit en 1817 un nombre considérable de maisons, de plantations, de bois et de vaisseaux. Elle appartient aujourd'hui à l'Angleterre.

La ville de Maurice, beaucoup plus populeuse que le Cap et que St-Denys, est moins bien bâtie que ces deux villes ; mais le mouvement commercial et la circulation y sont hors de proportion avec l'étendue de l'île. On y voit des gens de toutes couleurs et de toutes nations. Les Chinois y sont nombreux ; ils y habitent un quartier à part, et font le métier de brocanteurs. Ce sont eux qui vont chercher dans les villages et dans les fermes les veaux, les porcs et les moutons nécessaires à la consommation ; ils apportent ces animaux en ville, suspendus à des perches de bambou.

Le port est magnifique et parfaitement abrité. C'est là que les navires qui voyagent dans ces parages, vont se radouber. Dès qu'un bâtiment est aperçu en mer, on lui envoie un pilote pour le diriger, parce que l'entrée de la rade est souvent encombrée de bancs de sable.

Un petit bâteau à vapeur va à l'entrée du port, remorquer les navires pour les conduire au mouillage, dans un endroit convenable, afin de ne point gêner la circulation.

Les planteurs d'origine française ont conservé la langue et l'esprit de leur pays. Bien que l'administration soit anglaise, tout se traite en français. C'est ce que je pus remarquer dans une séance du tribunal de première instance à laquelle je fus curieux d'assister. Ces tribunaux sont constitués absolument comme en France.

Il y a à Maurice trois pasteurs protestants français, entretenus par la société des missions anglaises: Messieurs Lebrun, père et fils. L'un de ces Messieurs ayant appris par le journal quotidien, qui rend compte de tout ce qui se passe dans le port, que j'étais à bord du *Japon*, vint me voir, mais ne me trouva point. Accompagné de quelques-uns de mes campagnons de voyage, j'étais allé visiter les tombeaux de Paul et de Virginie, à plus de deux lieues de Maurice, près de l'habitation d'un riche planteur de cannes à sucre. Dans cette excursion, je pus me faire une idée de la condition des ouvriers planteurs, originaires de l'île de Madagascar. Ils ont des maisonnettes construites dans le genre des cités ouvrières, avec de petits jardins où ils cultivent quelques légumes et élèvent des volailles. Ces colons vivent en famille et sont engagés pour un certain temps, après lequel ils peuvent se réengager ou retourner dans leur patrie.

Cette promenade me fit d'autant plus de plaisir, que la route bien entretenue me rappelait nos routes impériales; les maisons qui se succédaient à des intervalles très-rapprochés avec les enseignes et les écritaux en français, les équipages brillants qui la parcouraient, me portaient à croire que j'étais en France.

Les tombeaux de Paul et de Virginie, composés de petites colonnes écourtées, placées sur un petit massif en pierres, menacent ruine. A deux kilomètres de là, nous visitâmes un vaste jardin, traversé par de belles allées bien entretenues, des canaux et des étangs qui en font un lieu délicieux. On l'appelle jardin royal.

Le lendemain dimanche, 17 juin, je me fis conduire à terre avant le déjeûner, dans l'intention d'assister au culte et de rendre ma visite à ce digne collègue, qui avait désiré me voir. A peine avais-je mis le pied dans l'enceinte de la chapelle, que je fus reconnu à mon costume. (*)

L'aîné des fils Lebrun qui devait officier, celui-là même qui avait voulu me faire visite, s'approcha aussitôt de moi, et m'introduisit dans la sacristie. Bien que souffrant déjà de la maladie que j'ai portée plus de trois mois, je dus céder à ses pressantes sollicitations et monter en chaire un quart d'heure à peine après mon arrivée.

L'auditoire assez nombreux ne se composait heureusement que d'ouvriers planteurs convertis. Il me reste encore à savoir l'effet que je produisis sur eux. Les pasteurs me dirent que le nombre des convertis s'élève, dans l'île, à environ trois mille qui se réunissent dans plusieurs stations, et qu'ils ont aussi dans l'Ile Bourbon quelques paroissiens qu'ils visitent de temps en temps.

La relâche que nous fîmes à Maurice fut une des plus agréables; nous y aurions volontiers prolongé notre séjour, mais nous avions un autre but à atteindre.

Le *Japon* étant de nouveau bien approvisionné, reprit la mer le 19 juin. A quelques journées de marche de Singapoore, nous touchâmes à l'entrée

(*) Ce costume consistait, tout simplement en une tunique de drap noir avec un col velours droit, de même couleur, et aux angles duquel étaient brodées deux croix blanches.

du détroit de Malaca Paulo-Pinang, petite localité des plus ravissantes, habitée presque exclusivement par des Anglais, qui y ont établi de charmantes maisons de campagne. Comme nous ne devions nous arrêter que quelques heures pour prendre un pilote, il ne fut délivré aucun permis de descendre à terre. Pour satisfaire notre curiosité, nous eûmes recours aux longues vues et aux binocles.

Le 7 juillet nous arrivâmes à Singapoore. C'est une ville neuve et bien bâtie. Il s'y fait un commerce considérable sous le patronage des Anglais. La chaleur en rend le séjour très-pénible : le thermomètre ne dessend jamais au dessous de 25 degrés en hiver, et monte jusqu'à 50 degrés en été, et nous étions en été.

Singapoore a une population de 90 à 100 mille âmes, qui se compose surtout de Chinois, le reste est formé de Malais, d'Indous et d'Européens. La garnison anglaise se compose de Cypayes. Les Malais aisés, sont en général richement vêtus, ainsi que les Persans que l'on y rencontre aussi, mais en petit nombre.

La liberté religieuse la plus complète règne dans cette ville. Il y a une belle église catholique romaine, un évêché, un couvent (de St-Maure), où j'ai été introduit pour remettre une lettre à l'une des Supérieures, qui appartient à une famille alsacienne de ma connaissance.

Dans le voisinage on construisait une grande et belle église protestante anglaise, dans le style gothique. Il y a plusieurs mosquées et des pagodes chinoises, plus remarquables que la plupart de celles que j'ai vues en Chine.

Dans l'une d'elles, nous avons vu des sculptures d'une beauté réelle et artistement exécutées; de nombreuses colonnes en granit de 50 centimètres de diamètre et de 3 mètres de hauteur, parfaitement ciselées et polies. De chaque côté de la principale porte d'entrée, deux lions également en granit, laissent voir, dans leur bouche entr'ouverte, une boule qui, détachée du même bloc, est mobile sur la langue. Le sacristain qui nous servait de cicerone était un Malais, mahométan originaire de Pondycherry, où il avait sa femme et ses enfants. Il parlait un peu notre langue et se disait français, prétendant qu'il en avait le brevet de première qualité. Il nous fit voir Boudha et le Dieu de la justice enfoncé dans une niche, enrichie d'ornements somptueux, ayant à ses côtés deux diables qui ne faisaient pas belle figure.

Après nous avoir promené par tous les coins et recoins de la pagode, et nous avoir fait l'apologie de tous les Saints et de toutes les Saintes, notre galant concitoyen nous introduisit dans la pièce qui lui servait de demeure habituelle, et nous offrit de la bière anglaise, si mauvaise que la chaleur excessive pouvait seule nous engager à en boire. Au lieu de bière, notre hôte promenait dans sa bouche une espèce de chique, composée d'une feuille de bétel, dans laquelle il roulait de la poussière de chaux. Le jus rouge comme du sang qu'il en exprimait, lui remplissait la bouche et lui en couvrait les lèvres et le menton. Cet usage dégoûtant, dont la raison m'a échappé, est très-répandu dans ces contrées et surtout chez les Indiens. Mais l'usage le plus curieux est celui que l'on observe chez les femmes, de se mettre des anneaux partout, aux oreilles, aux lèvres, au nez; je ne sais où elles n'en mettent pas. Elles en ont les doigts tellement garnis, qu'il leur est difficile de s'en servir. Tout cela ne suffit pas pour à les embellir, car elles sont en général affreusement laides.

Les bêtes féroces étaient autrefois communes dans les environs de Singapoore. C'est pour ce motif que dans le voisinage du petit port où l'on peut mouiller à côté du magasin à charbon, il y a un village bâti tout-à-fait sur l'eau, et sans autre communication avec la terre, qu'une planche qui sert de pont levis. De simples chevalets servent de fondations aux maisons, ou plutôt aux maisonnettes qui composent le village, et mettent celles-ci en communication entre elles. Ces malheureux habitants des eaux vivent de poissons et de fruits sauvages. Les nombreuses forêts du voisinage produisent les cocos et les bananes qu'ils vendent aux passagers.

C'est dans cette population plus ou moins aquatique, que nous avons vu les meilleurs plongeurs : De petits garçons de 12 à 15 ans voltigent autour des navires, dans de petites et légères embarcations faites de la moitié d'un tronc d'arbre évidé et long de 2 à 3 mètres; ils attrapent sous l'eau comme au vol, les pièces de monnaie qu'on leur jette. Celles que nous lancions quelquefois à d'assez grandes distances, étaient souvent descendues à trois ou quatre mètres de profondeur quand ils l'atteignaient, et là encore ils engageaient des luttes pour s'en emparer.

A Singapoore comme à Maurice, on trouve dans les ports beaucoup de voitures de place, qui rivalisent pour la beauté et le nombre, avec celles des grandes villes de l'Europe. Le petit port de Singapoore étant éloigné de trois à quatre kilomètres de la ville, on était heureux d'en profiter pour se faire traîner sous ce soleil brûlant. Les cochers indiens ont généralement l'habitude de tenir leurs chevaux par la bride et de courir à côté d'eux. A dire vrai, ils ne sont pas trop chargés de vêtements.

Quelques jours après notre départ, nous trouvâmes en pleine mer l'*Européen* en panne. Il était parti de Singapoore douze heures après nous, et en forçant sa machine, sans doute pour reprendre la place qu'il avait toujours occupée devant nous, il en avait cassé l'arbre de couche. Notre rencontre était ce qui pouvait lui arriver de plus heureux. Le *Japon* le remorqua depuis le 10 ou le 11 juillet jusqu'au 1er août, ce qui ralentit considérablement sa marche. Cependant les commandants étaient pressés d'arriver, ils savaient qu'on attendait avec impatience les canonnières dont ils étaient les dépositaires. Nous ne fîmes guère que toucher à Hong-Kong, où nous attendaient 200 colies chinois que l'on voulait adjoindre au corps d'armée; à défaut de voitures et de fourgons, c'est eux qui devaient faire les transports.

En attendant ils couvraient le port, y cuisaient

leur riz et y fumaient leur opium. Leur voisinage repoussant et le mal qui m'accablait, étaient peu faits pour égayer la fin de mon long voyage.

Le *Japon*, ayant à sa remorque l'*Européen*, arriva à Djefou le 1er août, après une traversée de près de quatre mois, sans avoir à déplorer la mort d'un seul homme. Avec notre bétail dans le golfe de Lyon, nous n'avons eu à regretter que la mort d'un singe tombé à la mer.

Nous voilà arrivés au terme de la course que nous devions parcourir. Il m'en coûte de vous laisser en panne dans une aussi triste contrée. Heureusement que vous n'y êtes pas dans d'aussi tristes conditions que celles où je me tronvais.

DEUXIÈME PARTIE.

ARRIVÉE EN CHINE.

Le 1er août 1860, après un traversée de quatre mois et des plus heureuses, le *Japon* arriva à *Djefou*, (Tché-fou) avec l'*Européen* à sa remorque. Ces navires devaient laisser dans ce port les canonnières démontées dont ils étaient chargés. On avait établi dans ce port un atelier de construction pour y remonter ces petits navires de guerre, armés chacun d'une pièce de trente, et destinés à naviguer sur les fleuves où les grands bâtiments de guerre ne pouvaient pénétrer à cause de leur tirant d'eau trop considérable.

Tché-fou est une petite ville, qui possède un port vaste et bien abrité; elle est assise au pied d'une montagne très-élevée, au-delà de laquelle on découvre un pays bien cultivé. Je n'ai vu nulle part ailleurs du chanvre haut de plus de 2 mètres.

La chaleur était grande, mais on y respirait un bon air et l'eau y était très-bonne. Cette contrée ne ressemblait en rien à celles que les armées alliées eurent à parcourir le long des côtes, où elles ne trouvaient que de l'eau saumâtre, au grand préjudice de leur état sanitaire. L'armée française y avait séjourné six semaines pour s'y refaire. Grâce à cet excellent choix, le moral des troupes fut bientôt remonté, et tous les inconvénients d'une longue traversée furent promptement réparés.

L'apparition des Barbares dans cette contrée en avait quelque peu effarouché les habitants; on comprend aisément que les allures de nos soldats, recouvrant leur liberté après une navigation de cinq à six mois, aient pu inspirer quelques craintes aux Chinois; mais les heureux effets de la discipline militaire ne tardèrent pas à rassurer les populations inquiètes.

Les Chinois rentrèrent dans leurs habitations qu'ils avaient abandonnées, et alléchés par l'appât du gain, auquel ils sont très-sensibles, ils eurent hâte d'entrer en relations de commerce avec l'armée d'invasion. Il se forma promptement dans le voisinage du camp un marché abondamment pourvu de vivres frais de toute nature : viande, volaille, poisson, fruits et légumes.

Il y avait à proximité du port un monticule en forme de pain du sucre, autour duquel une partie des troupes avaient dressé leurs tentes. A peine installés, les soldats établirent des chemins tout autour de ce monticule et de petits jardins à côté de chaque tente; la salade allait être bonne à manger, les pois et les haricots commençaient à monter.

Il y avait quatre jours que l'armée française, ou les Barbares, comme disaient les Chinois, avaient quitté, quand le *Japon* y arriva. Le général en chef y avait laissé quelques troupes, pour garder le port, protéger les ouvriers constructeurs et l'ambulance provisoire qu'on y avait établie. Aussitôt descendus à terre, nous fûmes heureux de parcourir ce petit coin de pays, où nous retrouvions à chaque pas des traces du passage de nos compatriotes. Messieurs-Caïd Osman, officier d'ordonnance du général en chef, mort plus tard au Mexique, et Malterre, sous-lieutenant d'artillerie, avec qui j'avais fait la traversée, me servirent de guides. Nous fûmes reçus par un capitaine d'artillerie, qui, depuis le départ de l'armée, avait établi son domicile dans

Lith: H. Barbier, Montbéliard

Marchands de fruits.

le gourbit laissé vacant par le général Collineau, (mort à Tien-tsin en janvier 1861). Ce gourbit assez vaste, fait avec des paillassons, s'élevait au milieu du monticule et faisait face au port. Le capitaine d'artillerie Garnier, originaire du Ban-de-la-Roche, nous y offrit un verre de vin et de l'eau. Les mouches plus petites que dans notre pays, y étaient en si grande quantité qu'il n'était pas possible d'ouvrir la bouche sans leur donner passage. Il fallait se hâter de couvrir son verre et boire avec précaution, si l'on ne voulait pas avaler ces odieux insectes.

Trois jours après notre arrivée à Tché-fou, le *Régent*, bateau à vapeur commandé par M. Aubarret, lieutenant de vaisseau, nous transporta à Peï-tang, à quelques lieues au nord de l'embouchure du Peï-ho, dans le golfe du Peï-tchili.

Cet officier de marine qui naviguait depuis plusieurs années dans les mers de la Chine, parlait avec facilité la langue du pays. Il a rendu de grands services à l'armée française, surtout en Cochinchine, où il est encore employé comme agent diplomatique, avec le grade de capitaine de vaisseau. Il était lié d'une étroite amitié avec Caïd-Osman, qui me voulait beaucoup de bien. Leur amitié me fut aussi utile qu'agréable, et je leur paie ici mon juste tribu de reconnaissance pour les soins qu'ils prirent de ma santé alors fortement altérée.

La flotte anglaise et la flotte française étaient mouillées côte à côte dans la baie Cha-lui-tien, à dix milles des forts du Peï-tang. Ces deux flottes offraient à une certaine distance, l'aspect d'une grande ville ; elles se composaient de plus de 250 bâtiments de guerre ou de commerce ; les Anglais en comptaient près de 200.

Cette forêt de mats, semblables à des clochers très-élancés, au haut desquels flottaient des étendards aux diverses couleurs, présentaient un spectacle imposant. Là se trouvaient aussi, mais un peu à l'écart, des bâtiments américains, russes, hollandais, et une frégate prussienne. Ces nombreux navires fixés sur leurs ancres, à une distance les uns des autres, assez grande pour les garantir des effets désastreux d'un coup de vent, formaient des rues larges et régulières, sillonnées par de nombreux canots, de petits bateaux à vapeur et par des canonnières remorquant des sampans, espèces de grands bacs chargés de troupes et du matériel de l'armée alliée. Le lendemain de mon arrivée, je me fis conduire à bord de la *Nièvre*, où je savais que je rencontrerais un excellent ami, que je n'avais pas vu depuis plus de 25 ans. C'était le directeur du parc d'artillerie de l'armée française, Jean Dorn, aujourd'hui lieutenant-colonel d'artillerie en retraite et employé au musée de St. Thomas d'Aquin à Paris. Ma joie fut grande en revoyant ce vieil ami, aussi distingué par sa brillante intelligence et son infatigable activité que par les belles et nobles qualités de son cœur.

Je débarqai dans la même journée, aidé de mon ami Caïd-Osman. On m'assigna une place dans le cantonnement des Spahis et des chasseurs d'Afrique de l'escorte du général en chef; j'y reçus le plus bienveillant accueil de M. Moquard, capitaine de l'escorte, et du lieutenant M. de Damas, malheureusement frappé à mort d'une balle avant d'arriver à Pékin. Le lendemain, M. Foerster, capitaine d'état-major, attaché à la topographie, voulut bien se charger de me présenter aux autorités et me faire délivrer un billet de logement.

M. Foerster, natif de Brumath, était mon paroissien. M. Fouville, commandant de place, chef du 1er bataillon du 102e, originaire de Colmar, me recommanda à son collègue M. Rossel, commandant le 2e bataillon du même régiment, qui m'offrit de partager son logement, et la pension avec l'état-major du 102e. Je fis aussi la connaissance de l'aumônier en chef de l'Eglise catholique ; quelques jours plus tard, je me réfugiai au parc d'artillerie auprès de mon ami Dorn, que je ne quittai qu'à mon départ de Tien-tsin pour Shang-haï.

A l'approche de cette ville flottante et qui couvrait les eaux jaunes du Pé-tchili, quelques coups de canons suffirent pour décider les troupes Tartares qui défendaient Pétang, à opérer leur retraite sur les forts du Peï-ho : Les habitants s'enfuîrent à leur tour, emportant ce qu'ils avaient de plus précieux. Quelques-uns, dans la crainte de voir leurs femmes et leurs filles devenir la proie des barbares, les égorgèrent ou les noyèrent dans d'immenses jarres qui leur servaient à recevoir les eaux de pluie et s'éventrèrent eux-mêmes, genre de suicide en usage chez les Chinois ; on en trouva couchés dans d'énormes cercueils qui attendaient patiemment la mort.

Il ne restait à Pétang que trois ou quatre vieillards plus courageux et plus confiants, qui n'eurent pas lieu de se repentir de leur confiance envers les Barbares. (*)

Cette ville de 10 à 12 mille âmes était défendue

(*) Les Chinois désignent tous les Européens sous le nom de Barbares.

du côté de la mer, par des ouvrages en terre, qui, entre les mains de soldats habiles, auraient pu présenter une résistance d'autant plus vigoureuse, que les canonnières les plus légères et les sampans mêmes, ne pouvaient approcher, et que nos artilleurs, dans la vase jusqu'à la ceinture, se virent forcés de porter à bras, leurs pièces avec les affuts et les roues. Mais que pouvaient des canons en bois, garnis de cercles de fer, d'une grande épaisseur, il est vrai et très-rapprochés, contre nos canons rayés? Des trois autres côtés, cette ville était baignée par la marée et l'on n'y avait accès que par deux chaussées très-étroites, où deux voitures auraient pu difficilement se croiser. L'une de ces chaussées reliait Pétang aux forts établis à l'embouchure du Peï-ho; la seconde conduisait à Sin-kho, petite ville située sur le Peï-ho, à environ douze kilomètres au-dessus de l'embouchure du fleuve.

Si l'armée avait dû séjourner longtemps dans cette ville infecte, la dissenterie et d'autres maladies pernicieuses y auraient fait de grands ravages. L'eau douce était rare et mauvaise. On avait brisé les jarres nombreuses dans lesquelles les Chinois recueillent les eaux de pluie, soit par crainte que ces eaux ne fussent empoisonnées, soit pour employer les morceaux de ces vases avec les débris de leurs chétives et misérables chaumières, à l'amélioration des chemins. La circulation y était difficile : les rues étroites comme des corridors ne peuvent être mieux comparées qu'à des canaux fangeux ou à des égoûts. Nos soldats, à qui la gaîté fait oublier les souffrances, avaient donné à quelques-unes de ces rues, les noms des plus beaux boulevards et des plus beaux quartiers de la capitale de la France.

Heureusement le séjour de l'armée à Pétang ne fut pas de longue durée. Chaque jour des détachements se dirigeaient sur Sin-kho, où Français et Anglais se trouvèrent bientôt campés, ceux-ci sur la rive droite, les autres sur la rive gauche, et communiquant par le moyen du Peï-ho et d'un pont de bateaux construit par les pontonniers des deux armées. C'est de là que, descendant les deux rives du fleuve, nos soldats arrivèrent devant les forts qui en défendaient l'entrée.

Après la prise de deux de ces forts, les chefs de l'armée chinoise, qui avaient perdu plus de deux mille hommes dans cette affaire, reconnurent l'inutilité d'une plus longue résistance et commencèrent leur retraite. Le gouvernement du Pé-tchi-li ayant signé la reddition de tous les forts, les flottes purent entrer librement dans le Peï-ho. Les deux armées marchèrent sur Tien-tsin où elles espéraient conclure la paix. On fit l'inventaire des canons qui hérissaient les forts ; il s'en trouva plus de cinq cents, du plus gros calibre. Ces canons sans affuts, sans hausses, étaient montés sur des échafaudages grossiers et la plupart pointés vers la mer, d'où les Chinois attendaient l'attaque. Mais l'échec de l'année précédente avait servi de leçon aux chefs de l'expédition, et deux frégates anglaises qu'on voyait encore couchés sur le flanc, auraient pu au besoin, leur rappeler les difficultés d'une attaque de ce côté. Elle était d'autant plus difficile et dangereuse, que la brêche faite, ce qui eût été la chose la plus facile, les assiégeants auraient eu à parcourir une distance d'un kilomètre, en marchant dans la vase jusqu'à la ceinture et exposés au feu de l'ennemi. — Le plàn de débarquement à Pétang et d'une attaque par terre, proposé par le général français, fut couronné d'un plein succès.

La contrée qui sépare Pétang de Sin-kho, offre peu d'intérêt. C'est un pays tout-à-fait plat, peu élevé au-dessus du niveau de la mer, et d'où l'on n'aperçoit aucune montagne, aussi loin que la vue peut atteindre. On compte de 13 à 14 kilomètres entre Pétang et Sin-kho. A droite et à gauche de la chaussée qui relie ces deux villes, chaussée très-étroite, à peine suffisante pour le passage d'une voiture, on n'aperçoit que des plaines marécageuses, inondées par la marée haute, jusqu'à mi-chemin de Sin-kho. A partir de ce point, la chaussée cesse et la route se prolonge au niveau d'un sol sablonneux et par conséquent un peu plus sec, mais peu favorable à la culture. On y remarque de distance en distance de petites éminences coniques, qu'à une certaine distance on prendrait pour des meules de foin : ce sont des tombeaux. Les Chinois ont un profond respect pour les monuments funéraires, qui sont tellement nombreux, qu'une partie considérable du sol est ainsi occupée par les morts au préjudice des vivants.

Les familles riches de Pétang éloignées de la terre ferme par la situation particulière de la ville, ont dans leurs habitations, des chambres où ils entassent leurs proches dans les cercueils qu'ils font avec autant de solidité que d'élégance.

A mesure qu'on se rapproche de Sin-kho l'agriculture se développe. Ce grand et populeux village est tout entouré de jardins ou plutôt de vergers remplis d'arbres fruitiers, d'abricotiers et de pêchers, et dont le sol est cultivé en jardins potagers. L'ambulance seule put trouver à s'y installer; l'armée campa sous des tentes. Ce village offrait plus de ressources que Pétang, pour la nourriture des hommes et des animaux, mais l'eau n'y était pas meilleure. On n'avait à boire que l'eau du Peï-ho, eau jaune et vaseuse que l'on puisait à la marée basse et que l'on clarifiait avec de l'alun.

Les Anglais occupaient toujours la rive droite et les Français la rive gauche. Deux routes longeant le fleuve, conduisaient à Tien-tsin. Sur la rive droite, les terres paraissaient plus fertiles et mieux cultivées que sur la rive gauche; les villages y sont aussi plus nombreux et plus rapprochés. Le chemin suivi par l'armée française traverse, sur une distance d'environ 30 kilomètres, un terrain aride et sans culture, où quelques Chinois étaient occupés à couper du foin avec un instrument qui ressemble à une serpette emmanchée d'un bâton, plutôt qu'à une faux. A l'extrémité de cette plaine stérile, est un grand village qui sert d'étape entre Sin-kho et Tien-tsin, distantes d'environ 50 kilomètres. La seconde moitié de la route, offre à l'œil une contrée plus fertile, en grande partie couverte de sorgho, qui atteient une hauteur de près de 3 mètres. Cette plante ressemble beaucoup à la tige du maïs, moins la grappe, ou à la canne à sucre.

De cette tige du sorgho on tire une espèce de cassonade jaune et peu appétissante, dont nous nous servions à défaut de sucre. Du résidu on distille une liqueur forte, dégoûtante et très-nuisible à la santé, qui a fait bien des victimes parmi nos soldats. On écrase sous des meules mises en mouvement par des ânes, la graine de cette plante, qui ressemble beaucoup au sarrasin; on en extrait la farine au moyen de tamis, et de cette farine, les Chinois font des galettes à l'huile de ricin, ou des boulettes qu'ils font cuire avec des légumes, tels que carottes, choux ou navets. La tige du sorgho remplace encore le bois qui est excessivement rare dans cette contrée. Aussi les hivers y étant généralement rigoureux, les habitants ont beaucoup à souffrir du froid.

Après la reddition des forts du Peï-ho et l'entrevue avec le gouvernement du Peï-tchi-li, les armées alliées, accompagnées des ambassadeurs Anglais et Français, marchèrent sur Pékin.

Les malades les plus gravement atteints furent transportés sur des bâtiments en rade disposés pour les recevoir, les autres furent laissés dans le nouveau campement de l'armée, dans les maisons des forts de Tien-tsin et à Tien-tsin même, distant de 3 à 4 kilomètres. La colonne du parc d'artillerie, avec laquelle je partis, suivit de près celle de l'ambulance, qui fit le voyage par eau. Nous avions 45 à 50 kilomètres à parcourir en deux étapes.

Le camp fut levé à cinq heures du matin. Les tentes n'étaient pas encore pliées ni les bagages chargés sur les ânes et les mulets, que déjà des Chinois poussés par la cupidité, nous entouraient, tout prêts non-seulement à glaner, mais à partager avec nous notre butin; il fallait les menacer du bâton pour les tenir à distance. Nous pûmes juger dans cette circonstance, de la rapacité qui caractérise ce peuple de voleurs.

Une partie des bagages, des provisions et des munitions furent embarquées sur des Jonques (vaisseaux chinois) remorquées par des canonnières; le reste était déjà parti avec les premières colonnes, porté à dos par des Chinois. En effet comme l'armée manquait d'un train des équipages, de chevaux et de voitures, le général en chef avait loué à

Canton et à Macao, comme nous l'avons vu dans notre première conférence, des coolies, portefaix très-robustes et habitués à ce genre de travail, qui pullulent dans les villes du midi de la Chine.

Ce moyen de transport est le plus usité en Chine, en raison de l'absence ou du mauvais état des chemins. On emploie avantageusement aussi les nombreux canaux qui coupent le pays et qui servent à l'arrosement des terres cultivées. C'est par ce moyen que les marchandises, des extrémités et du centre de l'Empire, arrivent dans les ports et les grandes villes maritimes.

J'avais un mulet de bât qui justifiait pleinement le caractère distinctif de sa race. Il n'en faisait jamais qu'à sa tête; il haïssait le bât et tout ce qu'on mettait dessus, et ne songeait qu'à secouer le joug de la servitude. Il avait raison dans son sens, et moi je n'avais pas tort dans le mien, quand je prétendais l'y maintenir. Mon ami, le directeur du parc, en avait un du même acabit, qui portait la batterie de cuisine et quelques provisions de ménage.

En nous remettant en route après un léger déjeûner pris à quelques kilomètres de notre point de départ, je m'aperçus que les deux rebelles menaçaient de se débarrasser de leurs fardeaux et je dûs rester en arrière pour prêter aide aux deux soldats qui les conduisaient. Pendant qu'on resserrait les sangles de celui qui portait la batterie de cuisine, il nous échappe, prend sa course à travers champs; bientôt le bat tourne, toute sa charge est jetée çà et là : ici une casserole, là un bidon, plus loin un poulet rôti ou une bouteille de vin. La malheureuse bête finit par se prendre dans ses propres filets. Rien ne fut cassé ni perdu, tout fut retrouvé sans le secours des Chinois, car heureusement, il n'y en avait pas dans le voisinage. Mais il fallut du temps pour remettre chaque chose à sa place et l'y fixer solidement.

Notre plus grande contrariété fut d'avoir, pendant cet épisode, perdu de vue la colonne, qui ne crut pas nécessaire de faire halte pour nous attendre; elle était en avant de plus d'une lieue. Nous suivions ses traces à travers des terres incultes, coupées, de distance en distance, de champs de sorgho, ayant toujours à notre gauche, pour nous diriger, le Peï-ho et les mats des navires qui le sillonnaient.

Arrivés vers midi à l'endroit où la colonne du parc d'artillerie devait passer la nuit, et où avaient campé celles qui nous avaient précédés, nous ne la trouvâmes point; elle s'était retirée à l'écart du grand village que nous avions devant nous, dans des champs de sorgho, où elle avait trouvé de la bonne eau.

Comme on avait négligé de laisser à l'entrée de ce village un planton pour nous attendre et nous indiquer le chemin qu'il fallait suivre, que nous n'apercevions aucune trace de campement dans les environs, et que nous avions perdu les traces de la colonne, au milieu du dédale d'empreintes laissées par les roues des voitures et les pieds des soldats, qui se croisaient en tout sens, nous crûmes qu'elle avait poussé en avant, soit pour gagner du terrain, soit pour trouver un campement plus commode.

Nous traversâmes donc ce grand et populeux village qui s'étendait le long du fleuve, et dont la rue unique était encombrée de monde.

Moi, monté sur mon mulet blanc, la canne à la main en guise de cravache et mes deux soldats à pied, le sac et le fusil sur le dos et le sabre au côté, nous faisions bonne contenance et cheminions bravement.

Les bienveillantes dispositions des Chinois, dont la foule compacte ralentissait notre marche, dissipèrent bientôt les craintes que nous avions pu concevoir. Quand nous leur donnions à entendre par signes que nous avions soif, ils s'empressaient de nous apporter de l'eau, et buvaient les premiers pour nous prouver qu'il n'y avait aucun danger à boire ce qu'ils nous présentaient. Nous ne manquions pas de vin, mais le besoin d'eau se faisait sentir d'autant plus fortement que la chaleur était plus grande.

Après être sortis de ce village, nous cherchâmes en vain le campement de nos camarades. La route était bordée des deux côtés, de champs de sorgho, en sorte que nous n'apercevions plus sur le fleuve, dont nous nous étions éloignés, les mats des navires, qui jusqu'ici, nous avaient servi de boussole.

Nous poursuivîmes pendant quelques kilomètres notre route à travers ces champs, et nous aurions pu nous croire perdus dans une épaisse forêt, lorsque nous rencontrâmes un Chinois. Depuis longtemps, nous souffrions de notre ignorance de la langue du pays. Comme j'avais entendu prononcer le nom de Tien-tsin en chinois, je me hasardai à lui répéter *Tchin-Tchien*. Il me comprit, m'indiqua du doigt la direction de la ville, et nous fit signe de le suivre. Il marcha devant nous pendant plus d'une heure, en poussant devant lui sa brouette.

Nous arrivâmes en un endroit, où trois chemins se croisent. Notre brave Chinois nous mit dans le bon, en nous indiquant de nouveau la position de Thien-tsin; puis élevant ses mains jointes à la hauteur de son front, il nous souhaita un bon voyage.

La brouette joue un grand rôle dans l'exploitation agricole de la Chine. La roue, haute comme une roue de voiture ordinaire, est placée au milieu, l'espace libre de chaque côté est préservé du frottement par de petites échelles. Si le chargement est un peu lourd, on y attelle un âne, et le Chinois, une corde passée sur son cou, supporte les deux bouts des brancards. Les voitures chinoises sont à deux roues aussi grossièrement taillées que celles des charriots construits par les enfants dans nos villages.

Revenons à notre vogage: Mes deux compagnons, très fatigués et convaincus que nous avions laissé notre colonne derrière nous, étaient tout disposés à dresser notre tente et à attendre son passage le lendemain.

Je crus devoir les encourager à poursuivre notre marche au moins jusqu'à la nuit. Vers six heures du soir, nous arrivâmes aux forts de Tien-tsin où étaient campées les deux armées alliées. Nous étions à l'abri de toute inquiétude, mais la colonne restée à la première étape n'était pas rassurée sur notre compte. A l'approche de la nuit, ne nous voyant point arriver, officiers et soldats avaient envoyé à notre recherche. La nuit arriva sans qu'on eût rien découvert. On crut que nous nous étions égarés, ou que nous étions tombés dans quelque embuscade chinoise, et que jamais on ne nous reverrait. Le lendemain, je m'empressai d'aller à la rencontre de mes amis qui furent très-heureux de me revoir sain et sauf.

Les deux forts de Tien-tsin construits, l'un sur la rive droite et l'autre sur la rive gauche du Pei-ho, à quatre kilomètres au-dessous de la ville, n'opposèrent aucune résistance aux alliés, qui les trouvèrent évacués à leur arrivée. On retrouva un peu plus tard, enfouies dans la terre, quelques-unes des énormes pièces du plus gros calibre qui les armaient, parfaitement fondues et toutes neuves. Les Tartares, qui composaient exclusivement l'armée du Fils du Ciel, y avaient laissé deux affuts d'une dimension énorme et d'une forme originale, qui rappelait l'enfance de l'art; l'un de ces affuts a été transporté à Paris. Il n'y avait point de pont sur le fleuve en cet endroit. Les deux armées communiquaient entre elles au moyen de canots. Les Anglais y avaient à l'ancre un vaisseau-église, où ils célébraient le culte.

Ces forts nouvellement construits en terre avaient une hauteur de 15 à 20 mètres, et regardaient le fleuve. C'est là que j'ai séjourné jusqu'au retour de l'armée ; le triste état de ma santé ne me permit pas de la suivre à Pékin. J'avais planté la tente que je partageais avec mon soldat, dans une des embrasures du fort, large comme une porte à deux battants, par où je passais sur une esplanade extérieure qui en faisait le tour. L'air vif et pur qu'on y respirait contribua beaucoup au rétablissement de ma santé.

Cette contrée était parfaitement propre à un campement : l'eau y était beaucoup moins mauvaise, et les vivres très-abondants. Sans parler des bœufs ou buffles et des moutons qui suivaient le corps d'armée, les Chinois nous fournissaient toutes sortes de viandes et de comestibles : de la volaille, du gibier, du poisson en très-grande quantité et d'excellente qualité.

Tous les jours se tenait un marché bien approvisionné, où l'on trouvait des œufs par centaines de douzaines, des pêches de la meilleure espèce et des raisins délicieux. Les pommes et les poires étaient d'une qualité bien inférieure et sans variété. Les prix n'étaient pas élevés : les œufs se vendaient 25 centimes la douzaine, les lièvres et les faisans, un franc la pièce.

Il n'est pas probable que nos soldats aient jamais eu une meilleure garnison. Ils vendaient aux Chinois leurs rations de riz et de biscuit, dont ces derniers sont très-friants, pour les remplacer par du gibier et de la volaille, des œufs et du poisson.

Ayant remarqué le goût des Européens pour certains articles de l'industrie chinoise, ce peuple mercantile par excellence encombrait le marché de vieille vaisselle ; il mettait tout en vente. L'encre de Chine y était abondante, mais la fraude rendait le choix difficile.

Sur ce marché pas plus que sur nos foires, les saltimbanques ne faisaient défaut. Leur musique et leurs chants n'avaient rien d'harmonieux, mais leurs tours ne manquaient pas d'adresse, et à cet égard, ils pourraient même rivaliser avec les plus habiles prestidigitateurs de notre pays. J'en ai vuun, qui vêtu comme les paysans des provinces méridionales de la Chine, d'un simple caleçon, qui le couvrait des genoux à la ceinture, tenait en main une boule grosse comme une orange, et en tirait toute une série d'autres boules plus grosses les unes que les autres; la dernière d'un volume assez considérable pour contenir toutes celles qui l'avaient contenue. — Je l'ai vu aussi brandir une lame de sabre, qui semblait offrir une certaine solidité, et se l'enfoncer dans le gosier. Il fallait se faire violence, pour résister à la tentation de porter ses regards plus bas dans l'attente d'en voir sortir la pointe.

La contrée est belle et les jardins à proximité de la ville, bien cultivés, coupés de rigoles longitudinales et transversales, qui servent, au moyen de canaux ou de puits, à l'irrigation.

Entre les forts et Tien-tsin, sur le bord du Peï-ho, est établi l'entrepôt général du sel. Cet établissement couvre un espace de plus d'un kilomètre de long sur près d'un demi kilomètre de large; des montagnes de sel y sont amoncelées, garanties de la pluie par des revêtements en nattes. Le fermage de cet entrepôt concédé à des négociants, constitue une source abondante de revenus pour l'empire chinois, où le sel paie des droits élevés. — La voie est traversée par des canaux étroits, mais profonds, qui déversent leurs eaux dans le fleuve.

Il n'y avait pour passerelles que de mauvaises planches ou des troncs d'arbres mal équarris ; les voitures étaient obligées de faire un long détour afin d'éviter ce chemin, à peine praticable pour les piétons.

La ville de Tien-tsin est située au milieu d'une vaste plaine, d'où l'on ne découvre aucune montagne ni aucune forêt. Elle est traversée par le Peï-ho et par le canal impérial, qui de là remonte à Pékin. C'est par ce canal que le corps d'armée dirigé contre la capitale de l'empire chinois, était ravitaillé et que les blessés et les malades étaient ramenés à l'ambulance générale.

Cette ville, d'une étendue considérable, renferme une population de plus de trois cent mille âmes. Elle était autrefois, comme toutes les villes chinoises, entourée de murailles de plusieurs mètres de hauteur et d'épaisseur. Les faubourgs, en s'étendant peu à peu jusqu'à adosser leurs maisons aux murs d'enceinte, les ont envahis de sorte que dans la partie nord, on n'en distingue plus que des traces. — Dans la partie du sud, cette muraille séculaire existe encore sur une grande étendue.

Les rues sont tellement étroites qu'à de très-rares exceptions près, il est impossible d'y passer avec des voitures ; c'est à cheval ou en palanquins que circulent les riches Chinois. Je fus curieux un jour d'accompagner, dans la partie sud de la ville, dite la vieille ville, quelques officiers de ma connaissance, qui désiraient voir cette antique muraille. Elle est haute de cinq à six mètres et large de quatre environ. Elle est construite en briques, les tours qui la garnissent de distance en distance ne la dépassent que de quelques décimètres. On y admire une porte ceintrée en fer, d'une grande solidité, hérissée de de clous à têtes larges et convexes.

Pour arriver à cette muraille, nous avions toute la ville à traverser. Un régiment anglais étant engagé dans la rue principale, qui devait nous conduire à notre but par le chemin le plus direct, nous dûmes en prendre une autre, qui finit par devenir si étroite, qu'il nous aurait été impossible de faire retourner nos montures. Nos jambes touchaient aux maisons des deux côtés, et à chaque instant nous avions des degrés d'escaliers à monter et à descendre pour traverser de petits canaux ou égoûts, sur un mauvais pont de bois, quelquefois même sur une simple planche. On apercevait de temps en temps quelques têtes curieuses de femmes, qui fermaient brusquement leurs portes à l'approche de notre petite colonne. Nous étions engagés dans un véritable coupe-gorge, ce qui ne troublait en rien notre franche gaîté.

Les maisons sont construites en briques et en bois, entourées d'un mur qui en masque la vue aux passants. Le plus grand nombre n'ont qu'un rez-de-chaussée. Celles des riches sont lambrissées sous les chevrons et vernissées ; d'élégants candélabres y sont suspendus de distance en distance ; celui du centre est généralemet plus grand que les autres. Chaque pièce est pourvue d'une espèce de terre-plein, construit de briques et de terre, élevé d'environ trente centimètres, et traversé par des tuyaux de chaleur. Ces terre-pleins sont recouverts de nattes ou de tapis sur lesquels les Chinoises passent leur vie à soigner leurs enfants, et à travailler à des ouvrages de broderie ; c'est là toute leur occupation. Elles se rendent de fréquentes visites, mais elles n'ont pas besoin de marcher pour cela, car elles se font porter dans d'élégants palanquins.

Les grandes villes de la Chine occupent des espaces immenses, hors de proportion avec leur importance ; cela tient à la manière de bâtir en usage chez les Chinois. Les maisons sont contigues et les murs mitoyens comme chez nous, mais les appartements d'une même maison sont complètement isolés, et le plus souvent séparés les uns des autres par des cours qui font de chaque habitation un véritable labyrinthe. Ces appartements ressemblent du reste à autant de prisons où l'on ne voit que le geolier et les personnes condamnées à y habiter. Pour voir ce qui se passe au-dehors, celles-ci sont obligées d'ouvrir la porte ou une fenêtre, car les petits losanges que forment les chassis des fenêtres, d'ailleurs très-artistement travaillés, sont recouverts de calicot ou de minces feuilles de colle de poisson, et le verre n'est point employé à cet usage, quoique connu dans le pays.

Du matin au soir, la foule était très-grande dans les rues de Tien-tsin. Les magasins bien assortis offraient dans toutes les maisons, aux nombreux acheteurs, des marchandises de tout genre. Jamais on n'y voyait de femmes ; les hommes seuls y sont employés. Les marchands recevaient les clients avec beaucoup plus de prévenance et d'affabilité que ceux de Shang-haï, bien qu'ils eussent eu, jusqu'ici beaucoup moins de relations avec les Européens. Il n'y avait jamais eu à Tien-tsin qu'un consulat russe.

Dès que nous entrions dans un magasin, les commis s'empressaient de nous offrir des sièges, du thé, toujours prêt, et des fruits, des pêches ou des raisins. Ils étalaient ensuite leur marchandise, mais il n'était pas facile de s'entendre sur les prix. Vu notre ignorance de leur langage, on cherchait à s'expliquer à force de gestes; on désignait du doigt l'objet qu'on désirait acheter, et l'on montrait une piastre. Mais alors la difficulté redoublait: il fallait débattre le prix, et pour cela, le Chinois n'avait pas assez de doigts. S'il levait les dix doigts et que l'acquéreur répondit en levant seulement l'index, le Chinois finissait presque toujours par le prendre au mot, encore l'acquéreur payait-il plus que le prix ordinaire. Le marchand trouvait ainsi le moyen de se faire payer son thé et ses fruits, sans parler des belles mines dont il accompagnait son jeu. Hors des magasins, on rencontrait des marchands ambulants, et des étalages d'antiquailles. partout où un petit coin de rue s'y prêtait.

On trouve aussi à Tien-tsin des maisons dans le genre de nos monts-de-piété. A l'entrée de l'hiver, on voyait s'élever dans certaines rues, des montagnes de vêtements de toute espèce et de toute couleur ; mais peu variés quant à la forme. Tout se vendait à la criée.

Les monuments les plus remarquables de Tien-tsin, sont une pagode en ruine couverte encore de magnifiques sculptures. Un autre bâtiment très-vaste offre de grandes et nombreuses salles contigües où sont représentés tous les genres de supplices qui ont été ou qui sont encore en usage en Chine. Les suppliciés sont représentés de grandeur naturelle en cire, et l'imitation est si parfaite qu'à une certaine distance, on croirait voir le sang couler de leurs plaies.

Les supplices sont si hideux qu'il répugne de croire à tant de barbarie et de cruauté dans l'âme humaine. Parmi ces tableaux révoltants, j'en ai remarqué un où le supplicié est représenté debout entre deux colonnes, serré comme dans un étau, au point de ne pouvoir faire un mouvement. Deux exécuteurs des hautes œuvres le coupent en deux, au moyen d'une longue scie, semblable à celle que dans notre province, on appelle vulgairement passe-partout. L'instrument du supplice a déjà partagé la tête, le cou, les épaules, et va pénétrer dans la région du cœur. Le sang ruisselle sur le ventre et sur le dos. L'imitation est si parfaite qu'on peut s'y méprendre à une certaine distance.

Dans un autre bâtiment, à peu de distance de celui-ci, et qui paraissait être le palais de justice, nous vîmes dans une immense cour carrée; de plus de 50 mètres de côté, où étaient dressées plusieurs potences, des criminels condamnés à la peine de la cangue. Cet instrument consiste en un assemblage de deux ou plusieurs planches, formant une espèce de table de deux mètres de long sur un mètre de large. Cette pièce de bois dont l'épaisseur varie selon la gravité du délit et la sévérité de la peine, se divise en deux parties qui enserrent dans l'ouverture circulaire qu'elles forment par leur rapprochement, le cou du coupable, en lui laissant la liberté de ses mouvements sans lui permettre de retirer la tête. Ces deux pièces de bois bien cadenassées par derrière et par devant, posent sur les épaules de ces malheureux qui se promènent ainsi dans la cour. Quand ils ont les bras libres ils peuvent sans trop de difficulté, se coucher et se relever. Quelques-uns, plus coupables sans doute, avaient les poignets liés et passés dans une seconde ouverture. Dans ces conditions la cangue devient un véritable supplice.

Un autre monument remarquable, c'est le *Yamouth* ou palais impérial où logeait le général en chef de l'armée française. L'état de dégradation de cet édifice est tel, qu'il est menacé d'une ruine prochaine. Il fait face au point de jonction du Peï-ho et du canal impérial. C'est là que demeure l'Empereur quand il visite la province.

Toutes ces constructions ont un cachet particulier d'originalité; elles sont dignes du pays, et ne présentent rien de commun avec nos édifices européens; le faîte du bâtiment est légèrement concave et des animaux artistement sculptés, en ornent les deux extrémités.

Comme dans tous les pays du monde, il y a en Chine des tribunaux, mais au-dessus de ces tribunaux, il y a l'autorité despotique et souvent cruelle des mandarins. L'avarice qui les ronge, les porte, quand leur intérêt personnel est en jeu, à se passr des tribunaux, à faire couper la tête aux accusés et à s'emparer de leurs biens. La mort d'un malheureux les touche peu. L'espionnage est le principal rouage de l'administration, et la vengeance a trop souvent un rôle à y jouer. On conçoit qu'une semblable administration abrutisse ce peuple, qui ne demanderait pas mieux que d'obéir à un pouvoir paternel.

La ville de Tien-tsin jouit d'une très-grande importance, tant à cause de son commerce sur le Peï-ho et le canal impérial, que de ses relations avec Pékin. Elle a l'entrepôt de toutes les marchandises de cette partie de la Chine, de même que Sang-haï, sur le Yang-tsé-Kiang, grâce à ses relations avec Nankin et l'intérieur de la Chine, sert d'entrepôt et de débouché aux marchandises d'une grande partie de ce vaste empire. Cette ville est donc riche et florissante, et comme la population d'un pays est toujours en raison de sa richesse, elle est aussi très-peuplée, sans se distinguer d'ailleurs beaucoup à cet égard des autres villes chinoises que nous avons vues.

Ces villes et ces villages dont les rues sont encombrées d'un peuple innombrable, les maisons, qui sont de vraies fourmilières d'êtres humains, voilà autant de protestations vivantes contre les accusations d'infanticide que les voyageurs, et avant eux, les missionnaires Jésuites ont si souvent et si gratuitement lancé contre les Chinois. Ils leur reprochent de ne point aimer leurs enfants, de les jeter à la voierie, de les livrer à la voracité des porcs et des chiens. On comprend que de telles accusations étaient bien propres à exciter notre curiosité. — Est-il bien vrai, se demandait-on, que de pareils crimes se commettent de propos délibéré, ostensiblement, sans scrupule et sans regrets? Chacun s'appliquait à recueillir tous les renseignements possibles pour arriver à la vérité. Je puis affirmer que le résultat des informations les plus minutieuses est, que l'amour paternel existe chez les Chinois aussi bien que chez les Européens, et il est permis d'ajouter qu'il est chez eux comme chez tous les êtres vivants, la loi la plus impérieuse de la nature.

Il y a en Chine des infanticides comme il s'en rencontre malheureusement chez les peuples les plus civilisés, peutêtre en plus grand nombre; mais que l'on se garde de croire que cet acte de cruauté soit patroné ou toléré par le gouvernement et que le meurtre des enfants soit passé en Chine, à l'état de droit domestique.

Il n'est pas surprenant qu'il meure beaucoup d'enfants en Chine: la misère qui est excessive chez ceux qui ne possèdent rien, une nourriture mauvaise et insuffisante, l'intempérie des saisons dans certaines contrées, le manque de vêtements et de précautions hygiéniques, sont autant de causes de mortalité chez ce peuple malheureux.

On rencontre une foule de Chinois estropiés, aveugles et surtout défigurés par les pernicieux effets de la petite vérole, car les bienfaits de la vaccine sont à peu près inconnus dans ce pays.

La misère des pauvres est si grande qu'elle les fait tomber au dernier degré de la dégradation. On voyait souvent des malheureux, roder autour des tentes, chercher dans les balayures des croûtes de pain ou des morceaux de biscuit, qu'ils mangeaient avec avidité.

J'ai eu maintes fois l'occasion, pendant mon séjour à Shang-haï, de remarquer une malheureuse femme, qui attendait l'obole des passants, accroupie au bord de la voie publique, dans un état presque complet de nudité. Elle tenait dans ses bras basanés et alaitait un petit enfant aussi peu vêtu qu'à l'heure de sa naissance. A côté d'elle était un petit panier plein de balles d'avoine ou de riz : Je me demandais ce qu'elle pouvait en faire, lorsque après un moment d'attente que j'avais employé à roder autour d'elle, sans avoir l'air de l'observer, je la vis en prendre une pincée, la porter à sa bouche, l'y rouler en l'humectant de sa salive et finir par l'avaler. Si je ne l'avais vu de mes yeux, je n'aurais probablement pas cru à cet excès de misère et, nouveau Thomas, je l'aurais nié. C'est qu'en effet la nourriture était un peu maigre pour une nourrice.

Les secours des passants n'étaient pas abondants, loin de là, c'est à peine si la pite de la veuve tombait de loin en loin dans la main de la pauvre femme. Sur dix Chinois jouissant d'une certaine aisance, à en juger par leurs pardessus en soie, c'est à peine s'il y en avait un qui laissât échapper de ses doigts à ongles longs et crochus, un sapèque, la dixième par d'un sou.

Il existe en Chine comme dans beaucoup de pays plus avancés en civilisation, des institutions pour la protection des enfants trouvés des deux sexes, des crèches pour les recueillir. Mais il y a loin de cet abandon, tout inhumain qu'il est, à la coutume barbare de les exposer à la voracité des cochons et des chiens, ou de les jeter à l'eau comme des chats nouveau-nés.

A côté des institutions de secours pour les enfants, il en existe d'autres pour les adultes, pour les vieillards, pour les infirmes; il y a des maisons de charité où ces malheureux sont admis et reçoivent tout au moins des vivres et des vêtements. J'ai visité un jour à Shang-haï une de ces maisons, où l'on faisait à des pauvres des distributions de riz cuit. Mais ces maisons subventionnées par l'Etat sont insuffisantes tant le nombre des indigents est considérable.

Si certains usages étranges, particuliers à ce peuple nous ont été dépeints et le sont encore sous des couleurs exagérées, il en est d'autres au sujet desquels les relations des voyageurs ne sont que l'expression de la vérité. Rien de plus vrai que ce qu'ils nous racontent de la longueur de la queue chinoise, de la déformation des pieds des femmes, de la longueur de leurs ongles, des batons dont ils se servent pour manger, de la singularité de leurs mets et de leur manière de les assaisonner.

Le Chinois est bien tel qu'on se le représente d'après les nombreuses images qu'on en rencontre partout, avec sa longue natte qui lui tombe sur le dos, et le reste de la tête fraîchement rasé. Lorsque l'abondance des cheveux ne permet pas de donner à cette queue assez de volume et de grandeur, on y joint des mèches de soie, de manière à la faire descendre sur les talons, ce qui est une marque de distinction. On voit des Chinois qui la tournent autour de la tête, comme un bandeau. Cet usage paraît remonter à l'occupation de la Chine par les Tartares. Ces derniers font exception à la règle ; ils n'ont point la tête rasée et ne portent point la queue. Il en est de même des Chinois flétris pour des méfaits ou des crimes, de ce que nous appelons des repris de justice. Le port de la queue leur est interdit. Mais à la manière dont ils sont tondus, il est aisé de les distinguer des Tartares qui portent les cheveux plus longs. Les prêtres jouissent de la même prérogative que les repris de justice, en sorte qu'il est facile aux étrangers de les confondre, sans y mettre de malice, s'ils ne discernent point les signes qui les distinguent, et qui sont peu apparents. Il faut être Chinois pour s'y reconnaître.

On comprend de quelle importance doit être en Chine, le métier de barbier. Aussi ces industriels sont-ils très-nombreux. Ils portent la balle comme nos émouleurs, et exercent leur industrie en plein vent. Les hommes avec leurs têtes à raser, leurs queues à peigner et à tresser, ne leur donnent pas moins d'occupations que les femmes avec leur coiffure toujours très-soignée et mêlée de fleurs. Ils cumulent d'ailleurs divers métiers. Non-seulement

Lith. H. Barbier

Dame chinoise. Officier.

ils coupent la barbe, rasent la tête et tressent les queues, mais ils nettoient les yeux, les narines, les oreilles, les mains, et cela avec habileté, maniant une foule de petits instruments dont chacun a sa forme et sa destination spéciale.

Si, chez l'homme, le signe caractéristique de la force et de la considération réside dans la beauté et la longueur de la queue, ce qui rend la femme intéressante, c'est son pied mignon. Il faut remarquer toutefois que les femmes tartares ne sont point soumises à cette mode.

Dans les villes du midi, à Canton, Hong-Kong, Shang-haï etc., l'usage barbare de comprimer les pieds des enfants du sexe féminin, de manière à en empêcher le développement, est déjà beaucoup moins suivi qu'autrefois. On y voit beaucoup de femmes avec des pieds naturels, ce qui vient très-probablement de l'influence des Européens déjà très-nombreux dans ces villes. Mais à Tien-tsin, par exemple, qui jusqu'à ces dernières années, est restée en dehors de l'influence européenne et où l'on ne trouve, comme nous l'avons déjà dit, qu'un consulat russe, il n'y a parmi les femmes, même parmi les indigentes, pas un seul pied régulièrement conformé.

Il est très-difficile de se rendre un compte satisfaisant des raisons qui ont fait introduire cette singulière coutume parmi les Chinois. Fut-ce pour donner aux pieds une petitesse séduisante, ou pour retenir les femmes dans le gynécée? Fut-ce pour donner à ces membres la délicatesse qui résulte de l'abstention de tout travail pénible? On ne sait. Les Chinois eux-mêmes ne sont pas d'accord là-dessus, pas plus que sur la date précise de l'introduction et sur le nom de l'inventeur de cette hideuse difformité. Ce qu'il y a de certain, c'est que par suite de cette mutilation, les femmes sont devenues de véritables meubles de ménage chez les pauvres, et de salon chez les riches.

On a fait remonter l'adoption de cette coutume étrange à l'époque de la conquête tartare, il y a deux cents ans. Mais rien n'est moins probable que cette opinion, car on a découvert, il y quelques années, dans les annales de l'Empire, une proclamation d'un empereur de Chine qui vécut avant la conquête, proclamation où sa Majesté ordonnait déjà la réforme de cette monstruosité, en menaçant de la dégradation, les chefs de famille qui persisteraient à suivre un semblable système de mutilation. L'empereur prévenait en même temps les dames nobles, qu'en adoptant un usage aussi bas et aussi vulgaire, elles se rendraient incapables d'occuper les places de dames d'honneur dans l'intérieur des palais impériaux. (*)

Les annales écrites de la Chine font en effet remonter cet usage beaucoup plus haut. Un auteur en attribue l'origine à une femme infâme, nommée Ta-Ki, qui vécut onze cents ans avant J-C. Elle était Impératrice. Née avec un pied-bot, elle usa de sa merveilleuse influence sur son mari pour lui faire envisager cette défectuosité comme type de la beauté, et le faible prince obligea ses sujets, par un édit impérial, à comprimer les pieds de leurs enfants, jusqu'à ce qu'ils atteignissent les formes de ce modèle désormais national.

D'autres prétendent que l'abominable coutume ne s'établit que dix-sept cents ans après Ta-Ki, c'est-à-dire l'an 600 de notre ère. Selon eux, le monarque règnant alors, Yangti, avait contraint sa concubine favorite à se comprimer les pieds. Sous les semelles de ses souliers, il avait fait imprimer la fleur du lotus, et à chaque pas que

(*) Voir: La vie réelle en Chine traduite de l'anglais par André Tasset. Paris 1860.

faisait la favorite, elle en laissait l'empreinte sur le sol. De là vient que jusqu'à ce jour, les pieds comprimés des dames chinoises ont reçu la flatteuse qualification de *lis d'or*.

Une autre tradition attribue l'existence de cette mode à un caprice de Li-yoh, prince licencieux et tyrannique, de la dynastie Thong, qui tenait sa cour à Pékin en 916 après J-C.

Un jour, raconte-t-on, ce prince dans un de ses voluptueux loisirs, eut l'idée qu'il pourrait perfectionner le pied de sa maîtresse favorite, en arrondissant le cou-de-pied et lui faisant décrire une courbe, de manière à lui donner quelque ressemblance avec le croissant de la lune. On ne voit pas trop comment cette ressemblance pouvait s'obtenir. Quoiqu'il en soit, les courtisans furent tellement émerveillés de l'invention impériale, qu'ils se hâtèrent d'introduire la nouvelle mode dans leurs familles.

Nul doute que, dans l'opinion de la nation Chinoise, cette difformité artificielle ne soit un des principaux éléments de la beauté féminine.

Un poëte du pays a dit : Un pied non comprimé est un déshonneur. Un pied de deux pouces de long est l'idole d'un Chinois, il lui prodigue les épithètes les plus flatteuses que puisse lui fournir la nature et le langage.

Dans la description des charmes de leurs dames, les Chinois ne manquent jamais de citer l'extrême petitesse de leur pied. Plus il est réduit dans ses proportions, plus il est regardé comme gracieux. Il est aussi difficile à un Européen de trouver une beauté dans la déformation du pied de la femme chinoise, qu'à un Chinois d'admirer la compression exagérée que les dames européennes font subir à leur taille.

L'adulation dont les femmes chinoises sont l'objet, à cause de la petitesse de leurs pieds, ne les empêche pas de maudire le prince Li-yho. qu'elles regardent comme le véritable auteur de leurs souffrances. Le Ciel est représenté comme le vengeur de ces infortunées, il condamna le tyran à fabriquer, de ses propres mains, un million de paires de souliers à l'usage des femmes de la Chine.

La cruelle opération à laquelle sont soumis les pieds des filles, se pratique dès la plus tendre enfance, au moyen de bandages. Cette ligature a généralement pour effet de replier les orteils sous la plante du pied, ne laissant de libre que le gros orteil, et de briser en quelque sorte le cou-de-pied.

Il en résulte que les beautés du Céleste Empire marchent d'un pas court et précipité, en s'aidant des bras comme d'un balancier, exactement comme quand on marche sur les talons. Un autre inconvénient très-grave qui résulte de cette douloureuse compression, c'est une plaie sous le pied, qui fait l'effet d'un cautère.

J'ai déjà dit deux mots de la manière courtoise dont on est reçu par les Chinois, mais je n'ai pas eu l'occasion d'en voir ailleurs que dans des magasins.

Les circonstances dans lesquelles nous nous trouvions au milieu de ce peuple, n'étaient point de nature à nous concilier leur affection. Voici ce que j'ai lu dans le récit d'un voyageur qui s'est trouvé dans des conditions plus avantageuses et qui a pu porter un jugement plus complet sur les procédés de ce peuple à l'égard des étrangers. (*)

« Les Chinois de la classe aisée, dit-il, montrent dans leurs relations une politesse minutieuse, et agissent avec un mélange de douceur et d'affabilité qui font au moins l'éloge de leur éducation. Quand ils vous reçoivent dans leurs maisons, il n'est sorte de prévenances qu'ils ne vous prodiguent.

(*) Voyage en Chine, par le capitaine Montfort, Paris 1864.

Les femmes qui, pour paraître plus blanches, se couvrent la figure d'une sorte de blanc de céruse, ce qui altère de bonne heure la fraîcheure de leur teint, et fait quelquefois ressembler leurs visages, à des masques de plâtre, évitent soigneusement la vue de l'étranger, mais seulement quand elles craignent d'en être aperçues. Cela tient autant aux préjugés de leur pays, qu'à une excessive et enfantine timidité. Car lorsque par fois elles s'imaginent pouvoir se dérober aisément aux regards de l'étranger, elles ne se gênent guère pour faire de lui l'objet du plus minutieux examen, pour le parcourir de la tête aux pieds, et pour se communiquer à voix basse, et se trahissant quelquefois par de petits rires railleurs, qui s'échappent de leurs lèvres pincées, les réflexions que leur suggèrent la couleur, la physionomie, la taille, le costume de l'individu soumis à la microscopique observation de leur curiosité. »

On nous a assuré que pour obvier aux inconvénients de cette curiosité, les autorités chinoises avaient donné l'ordre le plus rigoureux aux femmes, de ne point se laisser voir aux Barbares. Je ne puis que rendre justice à la fidélité avec laquelle elles ont observé cette consigne.

Si la petitesse du pied est un signe de distinction chez la femme, la longueur des ongles en est un chez l'homme, ou pour mieux dire, c'est le signe distinctif de l'homme du monde, du riche, du lettré. Les élégants ne les coupent jamais, et en prennent tant de soin qu'ils leur font acquérir des dimensions extraordinaires, et que dans la crainte de les endommager, les plus pédants y adaptent des étuis ou les cachent sous leurs longues manches.

La cuisine n'offre pas moins de singularités. Les cuisiniers sont ambulants, comme les barbiers; on les rencontre partout où l'emplacement leur permet de réunir un certain nombre de convives. Ceux-ci ne s'arrêtent que pour acheter quelques galettes de farine de sorgho et poursuivent leur chemin en mangeant. Quelquefois ils s'accroupissent sur leurs talons, position fatigante qui ne peut guère être supportée que par des Chinois ou des saltimbanques, et prennent, sans sucre, leur tasse d'un thé qui n'est guère que de l'eau chaude, et l'assaisonnent en fumant leur petite pipe. Il est rare que les Chinois boivent de l'eau pure; par un motif d'hygiène sans doute. On ne voit point d'auberge en Chine. A Tien-tsin seulement, il y a des espèces d'estaminets où l'on ne boit que du thé, et où, à

raison de douze sapèques, soit six centimes de notre monnaie, on peut s'abonner pour en boire un jour entier. Près de là se tient presque toujours, sur une petite estrade, un Chinois qui pérore et provoque de temps en temps, de grands éclats de rire.

La nourriture du peuple se compose en grande partie de légumes, tels que la patate, l'igname, la carotte, le navet et une espèce de chou dont la feuille ressemble beaucoup à celle de la bette-rave. A ces légumes on joint des boulettes de farine de sorgho. La volaille, le cochon et le poisson sont très-abondants en Chine. Le poisson se conserve en tonneaux comme le hareng saur.

Le Chinois ne connaît point l'usage du pain, au moins dans les contrées parcourues par l'armée alliée.

La nourriture des riches est plus recherchée, sans rien avoir qui puisse flatter le palais des Européens. Parmi les mets qu'ils estiment le plus, on cite la soupe aux nids d'oiseaux. Les nids d'hirondelles, avec lesquels on la prépare, ne se trouvent que sur les côtes de Java et des autres îles de l'archipel indien. Ils se paient fort cher en Chine, aussi n'y a-t-il que les riches qui puissent en faire leurs délices. Les nageoires de requin, les limaces de mer sont comme les nids d'hirondelles, des mets gélatineux qui flattent agréablement le goût des Chinois. J'ai vu des officiers qui avaient assisté à des repas chinois et qui avaient quitté la table avec un grand appétit, ayant tout trouvé détestable.

A la fin du court séjour que je fis à Peï-tang, j'étais logé dans une maison où étaient restés deux vieillards, qui paraissaient être des pêcheurs. Un jour je me trouvais près de l'un d'eux, au moment où il prenait son repas. D'une main il tenait son bol, et de l'autre les baguettes, qu'il maniait avec une adresse admirable. Il n'est pas possible de mieux se débarrasser avec ses doigts, des arrêtes du poisson, qu'il ne le faisait avec ses baguettes. Mon odorat fut tout à coup frappé d'une odeur de raves salées qui excita mon envie. Il ne m'offrit pas de partager son dîner, et il me répugnait de lui demander d'y goûter. Le hasard voulut qu'il s'éloignât quelques secondes, en laissant son bol à ma disposition. Tout aussitôt j'y plongeai les doigts, mais l'abominable ragoût satisfit vite ma convoitise. Je ne crois pas avoir jamais rien mis d'aussi mauvais sur ma langue. C'était un mélange de navets, de poisson et d'œufs pourris, assaisonnés d'huile.

Je ne pus que plaindre le malheureux d'en être réduit à une pareille nourriture.

On rencontre dans les villes de la Chine des magasins de charcuterie bien assortis, et des volailles rôties et très-appétissantes. Je fis un jour acheter par mon soldat, un poulet qui semblait devoir être délicieux, mais nos palais en jugèrent autrement, car il nous fut impossible d'en avaler un morceau. Les Chinois cuisent tout à l'huile, huile dégoûtante, à peine bonne pour des lampes. Bien qu'ils aient des vaches, il ne font point de beurre, et ne mangent jamais de lait; et leur saindoux rance ne vaut pas mieux que l'huile.

On parle beaucoup de la viande de chien, dont les Chinois doivent faire une grande consommation. Je n'en ai jamais reconnu dans les magasins de charcuterie ni dans les boucheries; si j'en ai mangé, c'est à mon insu. Cependant j'ai lu dans les récits d'un voyageur digne de foi, (*) que le Chinois est très-friand de la chair du chien, non pas du chien errant dans les rues et les champs, mais du chien engraissé et soigné pour figurer comme un excellent plat de rôti sur la table des mandarins. On peut en juger par l'anecdote suivante :

(*) Voyage en Chine par le capitaine Montfort.

Un officier de la marine anglaise fut invité un jour à dîner par un riche mandarin, qui lui fit connaître toutes les étrangetés de la cuisine chinoise. On lui servit dans de petits bols, des vers intestinaux, des arrêtes de poisson confites, de jeunes pousses d'arbres macérées dans le vinaigre, des plats fabuleux.

L'Anglais avait une faim dévorante, et l'on conviendra que les plats que nous venons d'énumérer et qui sont obligatoires dans tous les dîners chinois, n'étaient pas de nature à le rassasier, quand il vit paraître un morceau de viande supérieurement rôti et très-appétissant. Il crut que c'était un gigot de mouton, et après en avoir mangé une tranche épaisse, arrosée d'un jus délicieux, il sentit sa faim se calmer. Cependant il lui restait des doutes sur l'espèce d'animal auquel avait appartenu ce gigot. Peut-être, pensa-t-il, les moutons chinois ont-ils la chair plus délicate que les nôtres. Notre officier anglais ne savait pas un mot de chinois, et le mandarin pas un mot d'anglais.

Ils mangeaient donc tous les deux en silence, mais de fort bon appétit. Sa faim apaisée, les doutes revinrent en foule dans l'esprit de l'Européen, sur la nature de la viande à laquelle il avait trouvé une saveur si délicieuse. Plus il cherchait à se rappeler le goût des moutons de son pays, moins il trouvait de rapport entre leur chair et ce qu'il venait de manger. Il voulut en avoir le cœur net, mais sa langue rebelle ne lui fournissait aucun mot pour exprimer sa pensée. C'est en vain qu'il regardait autour de lui, il ne voyait rien qui put le tirer d'embarras; le langage des signes était impuissant. Force fut donc au marin de la Grande-Bretagne de recourir au moyen suivant, pour connaître le nom de l'animal dont on avait tiré ce savoureux gigot :

Il fait un signe au mandarin, passe le doigt sur le reste du gigot et se met à bêler. Le mandarin comprit parfaitement et, faisant de la tête un signe négatif, il poussa par trois fois le cri : — *Hou*, *hou*, *hou*; il aboya. L'Anglais avait mangé du chien.

C'était le cas où jamais de montrer ce flegme britannique dont les enfants d'Albion sont si fiers quand ils sont à l'étranger, et sous lequel ils cachent si admirablement ce qui leur manque de véritable dignité. Notre Anglais n'y manqua point. Il était seul à table avec le vénérable mandarin qui l'avait convié, et sa faim était loin d'être apaisée.

Il redemanda donc le gigot, et, y faisant encore amplement honneur, il prouva à son hôte que son palais savait se plier au goût de tous les pays.

Si la table chinoise offre des singularités, son négoce n'en offre pas moins.

Le Chinois est essentiellement brocanteur. Le vol et la filouterie sont chez lui des vices innés. Bien que la moral de Confucius renferme de belles maximes. on ne s'en aperçoit guère dans la pratique. Si les étrangers ne se tiennent pas sur leurs gardes, ils sont souvent trompés. Le prix fixe est inconnu aux Chinois; ils ont l'habitude de surfaire la marchandise, et d'en demander dix fois plus qu'elle ne vaut. Mais à cela ne se borne pas la tromperie chinoise. Ils ne se font pas scrupule de mêler du sel avec de la vase, de la farine avec du sable blanc, et d'insuffler de l'eau dans le tissu cellulaire de la viande, pour lui donner du poids.

Comme tout se vend au poids, ils font avaler de petites pierres ou des morceaux de plomb à la volaille qu'ils vendent vivante.

Ils ne négligent pas non plus de tromper l'œil de l'acquéreur. Au moyen d'un soufflet, ils introduisent dans le corps des porcs qu'ils ont tué pour la vente, une telle quantité d'air, que l'animal prend des proportions extraordinaires et une certaine ressemblance avec les Chinois de distinction, qui sont tous d'une obésité excessive. Comme dans ce pays le mérite se mesure à la grosseur du ventre, on serait tenté de croire que les riches usent du même procédé que leurs bouchers pour en imposer au peuple.

Des Chinois effrontés poussent la manie du vol et de la filouterie, jusqu'à vider très-adroitement les piastres, les pièces de 5 francs ou autres monnaies semblables, et remplacent l'argent enlevé par du cuivre ou du plomb, de manière à ne rien changer au poids de la pièce. Les négociants ont l'oreille si fine qu'ils reconnaissent au son, si la pièce a subi une altération.

La Chine n'a point de monnaies ni d'or ni d'argent. Elle n'a que de mauvaises pièces de cuivre, nommées sapèques, valant en moyenne un demi centime. Elles sont trouées par le milieu et enfilées par groupes d'un cent. L'or et l'argent ne circulent qu'en lingots différents de poids et par conséquent de valeur, et ayant la forme d'un bateau. L'argent français avait un cours avantageux, mais on perdait de 4 à 5 francs sur une pièce de 20 francs en or.

Pendant qu'une partie des troupes demeurées à Tien-tsin flanaient dans les rues étroites et sales de cette grande ville, l'autre partie suivait de près l'armée tartare en retraite sur Pékin.

Après avoir obtenu la reddition des forts à l'embouchure du Peï-ho, tant par la force des armes que par un traité conclu avec le gouverneur du Peï-tchi-li, les chefs de l'armée alliée se rendirent à Tien-tsin, où arriva bientôt un mandarin de première classe, qui s'annonça comme chargé des pouvoirs de l'Empereur. Les diplomates alliés, très-satisfaits des résultats déjà obtenus, entrèrent en négociations avec ce haut dignitaire chinois, et conclurent un traité avec lui. Il ne s'agissait plus que de se rendre à Pékin pour en opérer la ratification.

On choisit des troupes dans les deux corps d'armée pour servir d'escorte d'honneur aux ambassadeurs et aux chefs qui devaient les accompagner.

Mais au moment de se remettre en route, on apprit que le fondé de pouvoirs de l'Empereur de la Chine avait disparu sans mot dire. On commença à comprendre que tout n'était pas fini, qu'on avait été trompé, et qu'il fallait rouvrir les négociations. Ce fut alors que les généraux en chef changèrent leur plan de campagne, et prirent la résolution d'aller traiter à Pékin même. Les forces dont ils s'entourèrent ne s'élevaient pas à plus de six mille hommes.

A deux ou trois journées de marche de Tien-tsin, un plénipotentiaire se présenta aux chefs alliés; les négociations furent reprises, mais sans résultat. Il fut seulement convenu qu'on les continuerait à Tong-chao, distant d'environ 20 kilomètres. Ces tergiversations des ambassadeurs chinois avaient pour but de trainer la guerre en longueur, et de tendre un piège aux alliés. La mauvaise saison approchait, et les Tartares comptaient y trouver un puissant auxiliaire.

D'après les arrangements pris en commun avec les fondés de pouvoirs de l'Empereur de la Chine, l'armée des Alliées devait s'arrêter à quelques kilomètres de Toung-chao, pendant qu'on traiterait de la paix dans cette ville. Des officiers des deux armees alliées y furent envoyés à l'avance pour préparer des approvisionnements, et durent y passer la nuit. Cette petite avant-garde se composait d'une cinquantaine de personnes.

L'heure du départ de cette ville pour rejoindre l'armée alliée, avait été fixée au lendemain matin à cinq heures. Quelques officiers, parmi lesquels était Caïd-Osman, s'étant trouvés prêts les premiers, rassemblèrent la petite troupe, et se mirent en route, tandis que fatigués sans doute, et ne croyant pas à la nécessité de se presser; les autres remirent leur départ à une heure plus tard.

A peine sortis de la ville, ils tombèrent au milieu de l'armée tartare, qui occupait une étendue de plusieurs kilomètres de terrain. Ils la traversèrent le sabre dans le fourreau et au pas, sans être inquiétés par l'ennemi, bien qu'ils eussent lieu d'éprouver de cruelles incertitudes sur ses dispositions.

Grande fut leur joie en apercevant l'armée alliée. Ils s'empressèrent de rapporter aux généraux en chef, ce dont ils venaient d'être les témoins. Il n'y avait plus lieu de douter qu'un piège avait été tendu par les Chinois. Le petit corps d'armée des alliés prit bravement son parti : Les dispositions d'attaque faites, il marcha à l'ennemi, le débusqua de ses retranchements recouverts de foin, de paille et de terre, lui tua un grand nombre d'hommes et le rejeta plus loin.

Arrivée à Toung-chao, l'armée alliée n'y trouva plus les officiers d'avant-garde, au nombre desquels se trouvaient, du côté des Français, le sous-intendant militaire Dubut, le lieutenant-Colonel d'artillerie Foullon de Grand-Champs, l'abbé Duluc, interprête et M. d'Escayrac de Lanture, président de la commission scientifique. Comme on les croyait prisonniers de guerre, on ne perdit pas tout espoir de les revoir. Il est aisé de se faire une idée de l'ardeur dont la petite armée était enflammée, du courage qui animait les chefs et les soldats, après ce guet-à-pens. De victoire en victoire et sans être arrêtés dans leur marche par la nombreuse armée tartare, les alliés arrivèrent devant Pékin.

Ce qu'ils y cherchaient, c'était, avant tout, la liberté des prisonniers, et puis l'empereur de Chine, pour traiter avec lui.

Devant cette immense capitale, de nouvelles négociations s'ouvrirent avec de grands et puissants mandarins. Mais comme toujours, l'intervention de ces derniers n'avait d'autre but que de traîner les choses en longueur et d'obtenir par la ruse, ce que l'armée chinoise n'avait pu faire par la force des armes; et ils ne voulaient consentir à rendre les prisonniers qu'après la conclusion des traités de paix.

Cette armée qui avait fui devant une poignée de soldats européens, se sentant impuissante à empêcher les Barbares de pénétrer dans le palais de l'Empereur, s'était imposé la tâche de couvrir le palais de Yuen-min-yuen, pour favoriser le départ de la cour tartare en cas de danger.

Les chefs de l'armée alliée comprirent la nouvelle tactique des mandarins. Ils dirigèrent leurs forces sur cette résidence habituelle du fils du Ciel et de sa cour.

Quand les troupes alliées arrivèrent dans ce palais d'été, distant d'environ 12 kilomètres de Pékin, elles le trouvèrent vide. Il n'y était resté que quelques serviteurs dévoués.

L'armée tartare, dont la cavalerie ne s'élevait pas, dit-on, à moins de trente mille hommes, avait suivi l'Empereur dans sa fuite.

Le palais que l'Empereur venait de quitter, couvrait une surface de plusieurs kilomètres, entrecoupée de canaux et d'étangs. Il renfermait des pavillons pour l'Empereur, pour ses femmes et la cour, pour les généraux, les soldats et les serviteurs. L'Empereur ne s'en éloignait que pour se rendre dans le palais de Pékin, à l'occasion de quelque grande cérémonie. Le peuple devait alors soigneusement s'abstenir de s'approcher du cortége impérial. Chercher à voir l'Empereur, c'était jouer sa tête, attendu que l'Empereur ne doit jamais se laisser voir à ses sujets. Le palais de Yuen-min-yuen renfermait des richesses immenses : or, argent, diamants, perles et rubis, soieries, tissus des plus fins et des plus riches.

Les Français y entrèrent les premiers, les Anglais quelques heures plus tard. Les uns et les autres y firent un riche butin. Mais à ce pillage ne pouvait se borner l'œuvre de l'armée alliée ; il fallait traiter avec le gouvernement chinois ; et la difficulté était de s'aboucher avec ses principaux organes. (*) Force fut de retourner sous les murs de la capitale; on prit des mesures pour l'assiéger. Les négociations recommencèrent mais sans sincérité du côté des mandarins. L'hiver approchait, ils pensaient qu'il ne fallait plus qu'un peu de patience pour avoir raison de cette poignée de Barbares. En effet, le Peï-ho une fois gelé, il eut été difficile à l'armée de renouveler ses munitions dont les dépôts étaient en partie en rade sur les bâtiments.

Toutes ces difficultés et beaucoup d'autres qui

(*) On avait trouvé dans le palais l'uniforme et les épaulettes du lieutenant-colonel Foullon de Grand-Champs, le képi et les cantines du sous-intendant Dubut. Ces objets inspirèrent des craintes qui n'étaient que trop fondées.

n'échappèrent pas à la pénétration des vaillants chefs de l'armée alliée, les mirent dans une sorte d'exaspération. Ce fut alors que le général anglais envoya de nouveau quelques compagnies au palais d'été pour le dévaster complètement et le réduire en cendres. On menaçait de faire subir le même sort au palais de Pékin, si dans un délai fixé, les autorités chinoises ne se décidaient pas à conclure le traité de paix.

Les batteries de siége étaient prêtes à commencer le feu, lorsque les Chinois consentirent à rendre les prisonniers et à signer la paix. Il est certain que sans la dévastation du palais d'été et le danger qui menaçait le palais de Pékin, les autorités chinoises auraient encore hésité a se soumettre, et l'armée alliée avait un matériel et des munitions bien insuffisant pour battre en brêche des murailles très-élevées et de 20 mètres d'épaisseur.

La crainte et l'intimidation produisirent leur effet, et ce fut bien heureux, car en cas d'échec, et surpris par la mauvaise saison, où la difficulté de correspondre avec le reste de l'armée et avec la flotte serait devenue presque insurmontable, ce petit corps de troupes anglaises et françaises aurait été exposé à une complète destruction. Son salut n'était-il pas mille fois préférable à la conservation des richesses du palais de Yuen-min-yuen ?

Les prisonniers furent rendus, les uns morts et les autres en vie, mais mutilés. (*) Les corps du lieutenant-colonel Foullon de Grand-Champs, et du sous-intendant Dubut, étaient décharnés, mutilés et méconnaissables dans leurs cercueils. M. d'Escayrac de Lanture, et ceux qui avaient survécu, étaient dans un état pitoyable. Leurs jambes et leurs poignets encore saignants portaient la marque des cordes dont ils avaient été garottés.

On leur avait réuni les pieds et les mains par derrière, on avait passé, entre le corps et les membres fortement serrés ensemble, une perche au moyen de laquelle les Chinois les portaient en laissant la face à la hauteur du sol.

Ces malheureux furent longtemps avant de pouvoir faire usage de leurs bras tordus et de leurs doigts roidis et crispés. Par eux on apprit que chaque prisonnier avait été torturé isolément, et qu'après les avoir portés comme des bêtes immon-

(*) Sur 12 prisonniers français, les Chinois en rendirent cinq vivants et six cadavres; les Anglais reçurent 13 prisonniers vivants sur 26.

des, tous ensemble avaient été jetés dans des voitures garnies de clous aigus, dont les piqûres n'avaient pas été la moindre de leurs souffrances. Cahotés sur ces pointes, ils avaient été promenés dans les rues de Pékin, où la populace les avait accablés de coups et couverts d'ordures ; et pendant cette longue promenade, leurs gardiens venaient de temps à autre resserrer avec des tourniquets, les cordes qui leur coupaient les poignets et les pieds, et poussaient le raffinement de la cruauté jusqu'à les imbiber d'eau froide pour les serrer davantage. On avait ensuite conduit les prisonniers dans un palais, qu'à la description qu'ils en firent, on reconnut pour être celui de Yuen-min-yuen. Là, on les avait enchaînés pendant trois jours et trois nuits, sans leur donner la moindre nourriture, et lorsque par signes, ils demandaient de l'eau pour apaiser l'horrible soif qui les dévorait, leurs bourreaux leur remplissaient la bouche d'excréments humains.

On comprend que les plus faibles aient succombé à ces traitements, surtout ceux qui avaient reçu des blessures en se défendant, quand les Chinois voulurent les faire prisonniers.

Quant à l'abbé Duluc, on apprit avec quelque certitude qu'il avait été décapité ainsi qu'un capitaine anglais, le jour même de la bataille de Pa-li-kiao. C'est ce qu'affirmèrent des Chinois chrétiens et un soldat du génie qui, faisant boire son cheval, avait remarqué un cadavre sans tête dont la peau était beaucoup plus blanche que celle des indigènes. (*)

L'incendie du palais d'été avait terrifié les astucieux mandarins. Cette première menace exécutée, ils craignirent l'exécution de la seconde ; et le 24 octobre, le prince Kong, frère de l'Empereur, muni de ses pleins pouvoirs, signa le traité de paix avec lord Elgin et le général en chef de l'armée anglaise, sir Hope Grant, dans le palais de Pékin, au *Lipon*, tribunal des rites ; et le lendemain 25, les représentants de la France, le général de Montauban et le baron Gros y apposèrent leurs signatures. C'est en cette circonstance que pour la première fois, les Européens entrèrent en armes dans cette ville célèbre et la contraignirent de dévoiler ses mystères.

La ville de Pékin est protégée par un mur de ceinture très-élevé, qui domine les maisons, et a une épaisseur de 15 à 20 mètres. Les parements sont

(*) Paul Varin. Expédition de Chine 1862.

en briques et en pierres, et le milieu en terre. La longueur de ce mur de ceinture a 42 kilomètres. Cette ville se partage en trois villes bien distinctes. La ville chinoise, la ville tartare et la ville impériale au centre. Ces villes sont elles-mêmes séparées l'une de l'autre par des murs élevés, percés de nombreuses portes qui les mettent en communication à l'exception de la ville impériale, dont l'entrée n'est accessible qu'à la cour et à ses gens.

Par un acte de déférence tout-à-fait exceptionnelle et de courtoisie chinoise, le grand mandarin de la cour permit aux ambassadeurs Elgin et Gros de visiter le palais.

La ville chinoise est la plus commerçante, et celle où l'on trouve les plus beaux magasins. Les maisons n'ont qu'un rez-de-chaussée, elles sont entourées de cours et de petits jardins, et séparées les unes des autres par des murs mitoyens. Les rues principales sont très-larges, mais elles ne sont pas nivelées et sont mal entretenues. La poussière par les temps secs, et la boue qui couvre ces rues à la moindre pluie, rendent la circulation difficile et désagréable. Les rues transversales sont, comme dans toutes les autres villes chinoises, très-étroites et encombrées de Chinois et de Tartares.

C'est surtout en dehors de la grande muraille de ceinture, dans les faubourgs, que se presse la population la plus sâle et la plus misérable.

On pourrait être porté à croire que ces murs d'enceinte qui se retrouvent partout, autour des villes un peu considérables, n'ont été construits, que pour tenir à distance des hordes de malheureux accablés sous le poids de toutes les misères humaines. Il est difficile de peindre l'état d'abjection auquel ce pauvre peuple est réduit. Le passage de l'armée alliée fut pour lui une bonne aubaine ; il la suivait pas à pas et profitait de toutes les occasions pour satisfaire sa passion du vol et du pillage. Se sentant à l'abri de la justice sévère et des réprésailles cruelles des autorités impitoyables de leur pays, ces malheureux s'abandonnèrent à leurs penchants désordonnés. Non contents de piller, ils brûlèrent plusieurs villages. A son retour de Pékin à Tien-tsin, l'armée alliée trouva, livrées à la ruine, une quantité de localités qu'elle avait laissées dans l'abondance.

Pour une croûte de pain ou un morceau de biscuit, les pauvres chinois se laissaient attacher par la queue à la boutonnière des soldats, et chargés d'une partie de leur fourniment, il marchaient gravement à côté d'eux.

Ce degré de dégradation et d'asservissement est une conséquence naturelle de la démoralisation où l'impitoyable tyrannie qui pèse sur ce vaste empire, et le matérialisme des grands dont le but suprême est la satisfaction des appétits des sens sous une forme plus ou moins raffinée, ont fait descendre l'état social de ce peuple.

Les obscénités trouvées en si grand nombre dans le palais d'été, à côté de trésors qui ne pouvaient avoir appartenu qu'à des princes ou à des hommes du plus haut rang, sont venues confirmer ce que l'on savait déjà du sensualisme dégoûtant auquel les chefs de cette nation se sont ravalés. Nos soldats qui ne se figuraient pas qu'à côté des merveilles de l'art et de l'industrie, il peut y avoir place pour des objets qui n'ont d'attrait que pour une imagination dépravée, ont été souvent bien déçus en apprenant le peu de valeur de ces boîtes remplies de peintures obscènes, dont tout le mérite était de révéler la honte de ceux qui les avaient possédées.

Jamais peut-être l'extrême opulence et l'extrême misère ne se sont trouvées rapprochées sur la terre comme dans ce palais de Yuen-min-yuen, où s'entassaient les immenses revenus de l'empire chinois, et qu'entourait une innombrable populace, exténuée par la faim, tandis qu'à l'intérieur, la cour regorgeait de tous les plaisirs qui peuvent flatter les sens. — Si Jésus-Christ parcourait ce pays comme il parcourut autrefois les plaines de la Palestine, il nous dirait aussi : « La moisson est grande, mais il y a peu d'ouvriers. » Espérons que notre expédition dans ces contrées lointaines aura entre autres résultats, celui de les ouvrir aux bienfaits de l'Evangile.

Le 28 octobre on procéda à l'inhumation des six officiers et des soldats français. Les cercueils étaient recouverts de longues draperies noires, semées de larmes et de croix blanches. Derrière les corbillards suivaient, à cheval, les généraux des deux armées, et des détachements de tous les corps, armes renversées. Les restes de ces infortunés furent déposés dans un cimetière chrétien, établi autrefois par les Jésuites, et que l'ambassadeur russe avait entouré de sa protection pendant les hostilités.

Le 17 avait eu lieu l'inhumation des prisonniers anglais, avec le même cérémonial, dans le cimetière russe.

Le 2 novembre, on reçut de Yé-hol en Tartarie, où s'était réfugié l'Empereur, le décret impérial promulgant les traités de paix, qui furent affichés immédiatement sur les murs de la capitale. Le 14, toutes les troupes se trouvaient réunies à Tien-tsin. La campagne étaient terminée.

TROISIÈME PARTIE.

RETOUR DE CHINE.

Après la conclusion et la signature du traité de Pékin, les détachements anglais et français se hâtèrent de reprendre le chemin de Tien-tsin. Il était temps, la mauvaise saison approchait.

Dès qu'ils furent arrivés dans ce cantonnement, les généraux en chef prirent leurs dispositions pour hiverner. Une partie des troupes anglaises fut dirigée sur les Indes. La 1re brigade française sous les ordres du général Jamin, et le général en chef avec son état major, s'embarquèrent pour Shang-haï.

La 2e brigade, sous les ordres du général Collinau resta à Tien-tsin avec le reste des troupes anglaises. Ce brave militaire qui avait assisté à tant de combats, qui avait été criblé de blessures en Afrique et en Crimée, devait mourir ici, au moment où il venait de recevoir le grade de général de division.

Je fus autorisé à suivre le mouvement de la 1re brigade. Le 11 novembre dans la matinée, je me rendis à bord de la canonnière N° 13, mouillée près du fort de Tien-tsin, et commandée par le lieutenant de vaisseau Desvarannes, dont j'avais fait la connaissance sur le *Japon*, après l'accident arrivé à l'*Européen*. Ce petit vapeur me conduisit à l'embouchure du Peï-ho, devant les forts de Takou, où je m'embarquai sur la frégate le *Rhône*, qui devait prendre à son bord le 2e bataillon de chasseurs. J'y arrivai le 13 au soir. Ce bâtiment devait encore embarquer les chevaux du général en chef; malheureusement pour nous et pour le général, ils se firent trop longtemps attendre, car au bout de quelques jours, le froid qui dans ces contrées arrive pour ainsi dire à jour fixe, se fit vivement sentir, et les chevaux que l'on attendait avec impatience pour mettre à la voile et qui ne furent embarqués sur le Peï-ho que vers la fin du mois, périrent, surpris par les glaces.

Ce ne fut que le 5 décembre que le *Rhône* leva

ses ancres, après avoir été retenu pendant trois semaines à deux kilomètres de l'embouchure du fleuve, par neuf degrés d'un froid qui nous fit beaucoup souffrir. Ce froid rendait le service des matelots difficile et périlleux : nous eûmes la douleur de voir un de ces malheureux dont les mains étaient roidies par la glace qui couvrait les cordages, tomber d'une vergue et se tuer sur le pont.

Je fis sur le *Rhône* l'heureuse rencontre d'un aumônier catholique, l'abbé Martin, qui était parti de France sur ce bâtiment, avec le 2e bataillon de chasseurs. J'étais à peine installé que plusieurs officiers de ma connaissance m'offrirent de me présenter à lui, en m'assurant qu'ils voyaient dans chacun de nous, des dispositions à faire bon ménage.

Entre caractères sympathiques on fait vite connaissance. Après quelques paroles affectueuses, échangées de part et d'autre, nous étions comme deux amis qui se retrouvent après une longue séparation. Soit par distraction soit par habitude, je lui présentai ma tabatière, c'est un moyen comme un autre d'entrer en conversation.

Je vis aussitôt la joie se peindre sur la figure de ce bon M. Martin. Comment, me dit-il, vous avez encore du tabac ! depuis plusieurs semaines j'en suis privé, et pour m'en passer l'envie, je réduis en poudre du tabac à fumer. J'avais encore deux paquets de tabac de la *Civette*, que j'avais achetés à Paris, et je fus très-heureux de partager avec lui cette petite provision. Dès ce moment notre amitié fut intime. La nuit et les heures des repas seules nous tenaient séparés.

Comme aumônier du bord, il avait sa place à la table du commandant, et en qualité de passager, j'avais la mienne à la table des officiers. Cet arrangement lui déplut; il s'en plaignit au commandant, prétendant que j'avais le même grade que lui, et qu'appelés tous deux à remplir les mêmes fonctions, chacun selon son culte, nous ne devions pas être séparés à table. Je tiens, lui dit-il, à ce que l'aumônier protestant soit à côté de moi à votre table, ou je la quitterai pour aller me placer à côté de lui à celle des officiers. Comme la demande de M. l'abbé Martin était contraire au réglement, le commandant en référa à l'amiral qui approuva la réclamation, et je fus invité à prendre place à côté de mon collègue, à la table du commandant.

Malheureusement ce bon voisinage ne fut pas de longue durée. Quelques jours avant de quitter la rade du Pé-tchi-li, M. Martin reçut l'ordre de se rendre à bord du vaisseau-amiral, et je n'ai plus eu de ses nouvelles. Il espérait qu'en rentrant en France, il serait nommé aumônier des condamnés du port de Brest, avec la faculté de loger en ville. Je ne sais si ses modestes espérances ont été couronnées, mais j'ai souvent fait et je fais encore des vœux pour le bonheur de cet excellent homme.

M. Martin était un homme de franc-parler. Sa conversation était tout à la fois bienveillante et accentuée. Il avait beaucoup de connaissances en théologie et notamment en histoire ecclésiastique. Les fleurs de l'âge mûr décoraient ses cheveux comme les miens ; il paraissait un peu plus âgé que moi.

Après une navigation de quelques jours, nous arrivâmes très-heureusement à l'embouchure du Yang-tsée-kiang, le fleuve le plus considérable de la Chine. Il prend sa source dans les montagnes du Thibet, passe à Nankin, à Shang-haï et se jette dans la mer de la Chine. Ce cours d'eau, un des plus grands du monde, rend les plus grands services au commerce, et sert de débouché et de route à toute la Chine centrale. Les terres qui avoisinent ce fleuve à partir de son embouchure et jusque bien avant dans l'intérieur du pays, sont excessivement basses ; elles ne dépassent pas de beaucoup le niveau de la mer, ce qui permet à la haute marée de remonter à près de 100 lieues. La navigation du *Fleuve Bleu*, (nom que les Européens donnent au Yang-tsée-kiang) n'est pas facile, surtout à son embouchure où il se forme des bancs de sable qui la rendent dangereuse. Le commerce français y a perdu deux bâtiments pendant la campagne.

Les habitants des rives du Fleuve Bleu, n'ont point à craindre des dégats semblables à ceux que commet le Fleuve Jaune, dont le cours est presque parallèle à celui-ci. Ce dernier rompt souvent ses digues, et dévaste tout sur son passage. C'est le Fleuve Jaune qui donne son nom à la mer où il déverse ses eaux.

Le *Rhône* s'arrêta devant Woo-sung, où il mouilla à côté des autres bâtiments de la flotte française. Des bateaux à vapeur, transportèrent le personnel et le matériel à terre. Woo-sung est une petite ville située environ à six lieues plus bas que Shang-haï, elle est occupée par une faible garnison de troupes chinoises.

Je fis à pied, avec le 2e bataillon de chasseurs, le trajet qui sépare les deux villes. Cet espace est presque entièrement consacré à la culture du coton, mais la récolte était faite. La plante, petit arbuste d'un demi mètre de haut, était dépouillée de ses cocons.

De distance en distance, on apercevait quelques mauvaises cabanes, la plupart habitées par des tisserands dont les métiers très-courts, ressemblent beaucoup à ceux de nos tissages.

Arrivés à Shang-haï, nous fûmes introduits dans la vaste cour du Consulat français pour y recevoir les billets de logement. Le bataillon de chasseurs fut installé à l'extrémité sud de la ville; le capitaine du génie chargé des installations, avait désigné mon logement au centre, tout près de la grande Porte de l'Est, dans une vaste maison chinoise destinée à recevoir une compagnie d'infanterie du 101e que l'on attendait. Je dûs m'installer dans ce labyrinthe, seul avec mon soldat. Notre premier soin fut d'aller chercher nos bagages qui avaient remonté le fleuve sur un bateau à vapeur et qui se trouvaient au dépôt. Mais la nuit nous surprit avant que nous eussions regagné notre nouveau logis. Nous étions engagés dans une rue très-étroite, qui longeait le mur d'enceinte, tout près de notre maison, sans qu'il nous fut possible d'y entrer. Après des recherches inutiles, il nous restait encore une ressource : il y avait un poste de soldats français à la grande Porte de l'Est, nous allions leur demander l'hospitalité, lorsqu'un personnage en palanquin porté par deux Chinois, vint à passer près de nous. C'était le capitaine du génie, mon coréligionnaire.

Entendant parler sa langue, et sachant que je devais loger dans ces parages, il me reconnut, et fut fort surpris de me rencontrer dans cette noire solitude avec mon modeste bagage et ma petite escorte. Il s'empressa d'aller chez notre propriétaire dont l'habitation n'était pas éloignée, pour le prier de venir nous ouvrir la porte et nous apprendre le secret de la serrure. Notre Chinois arriva : C'était un joli garçon, paraissant âgé de trente ans au plus ; il y avait quelque chose de distingué dans sa figure et dans ses manières ; et ses cheveux d'un brun noir et bien tressés, tombaient sur ses talons. Il parlait un peu le français, et se montra tout dévoué à notre service. Nous fûmes ainsi gracieusement dédommagés, après quelques moments d'inquiétude.

Nous avions marché toute la journée, sans autre nourriture qu'une petite collation à mi-chemin, et il ne nous restait aucune provision.

Notre hôte s'empressa d'aller nous chercher du

pain et de l'eau. Cela nous suffit pour passer la nuit, enveloppés dans nos couvertures.

Ce jeune homme avait été nommé interprète dans cette partie de la ville où il y avait des postes français. J'avais beaucoup de plaisir à m'entretenir avec lui, quoiqu'il eût de la peine à s'exprimer dans notre langue.

C'était un élève des Jésuites, connu sous le nom d'André. Il passait pour un viveur, et rusé comme un Chinois, quand il sut que le jour de notre départ approchait, il chercha à emprunter de l'argent à tous les officiers de sa connaissance. Je fus prévenu de ce stratagème, et quand il vint s'adresser à moi, je chantai misère comme tous mes compagnons.

Pendant plus de huit jours mon soldat et moi, nous habitâmes seuls cette maison où il y avait place pour un bataillon. Il est vrai que pendant la journée, nous avions la société des menuisiers chinois, qui travaillaient à approprier le local, pour recevoir les hotes que nous attendions. Je profitai de leur présence pour me faire confectionner une espèce de couchette, une table et un banc. Comme nous étions éloignés des troupes françaises déjà cantonnées dans cette grande ville, il fallut bien que mon soldat réunit à son emploi de valet de chambre, celui de cuisinier. Et comme il n'est pas facile de s'orienter dans les rues sinueuses et étroites d'une ville chinoise, pendant qu'il vaquait aux approvisionnements du ménage, je me voyais souvent forcé d'écumer moi-même le pot au feu.

Un jour en passant avec mon intendant devant un magasin de charcuterie bien étagé, des pièces de rotisserie, prêtes à être servies sur la table, flattèrent agréablement nos appétits. Il y avait entr'autres une espèce de poulet d'un beau jaune, vraiment tentant, qui excita ma convoitise. Je dis à mon soldat : André, allez donc acheter cette petite pièce qui me paraît délicieuse, elle remplacera agréablement la pitance qui nous manque. Après quelques signes des yeux et des doigts, après avoir fait voir quelques pièces de monnaie, le marché fut conclu. Enchantés de notre emplette, nous avions hâte de rentrer chez nous. Le moment du dîner approchait; mon soldat l'eût bientôt préparé et servi. La soupe avec le morceau de buffle, qui d'ordinaire composait tout notre dîner, fut expédiée un peu plus vite que de coutume. Sans être habile à trancher, j'eus bientôt mis le poulet en pièces ; et je me préparais à en faire bonne justice. Mais à peine y avais-je planté une dent que j'en eus assez. En vérité, dis-je à mon soldat, pour manger ce rôti, il faudrait aussi se procurer le palais d'un Chinois. Si vous en jugez autrement, tant mieux pour vous, je vous abandonne le tout. Mon soldat essaya de faire mieux, mais son palais s'y refusa comme le mien et il emporta bien vîte, je ne dirai pas le reste, mais le tout, aux menuisiers, qui en firent prompte justice et de fort bon appétit.

Les cuisiniers chinois préparent presque tout à l'huile. Ils font aussi usage du sain-doux; mais d'un sain-doux qui ne vaut guère mieux que leur huile.

Bien qu'il y ait des vaches en Chine, on n'y connaît pas le beurre; on ne fait même usage du lait que pour la nourriture des veaux. On ne trouve dans les boucheries chinoises ni bœufs, ni vaches, ni veaux. La viande de porc est presque la seule qui entre dans la consommation; il y en a une abondance dont on a peine à se faire une idée. On voit dans les entrepôts de vraies montagnes de porcs d'une grosseur énorme, ouverts, salés et dépouillés seulement de leurs soies. Ils paraissent venir déjà de loin, et on les embarque sur des jonques pour les transporter encore dans d'autres contrées. Cependant on consomme aussi de la viande de mouton et de chevreau. On prétend que les Chinois se nourrissent aussi de la viande du chien, mais je n'en ai point vu, et ne sais si j'en ai mangé.

Les marchés sont toujours pourvus d'une très-grande quantité de volailles de toute espèce, de gibier, de poissons d'eau douce et de mer; les œufs y sont surtout très-abondants et à très-bas prix.

Pour tirer un bon parti de l'abondance de ces produits et de la facilité que l'on a de se les procurer, il faut apprendre aux Chinois à faire la cuisine, ou la faire soi-même.

Si les Chinois ne font point usage de la viande du bœuf, ce n'est point que les lois religieuses le leur défendent; c'est moins par préjugé que par habitude.

Nous qui en faisions notre principale nourriture, nous n'avons jamais vu de Chinois se faire scrupule d'en manger, quand on leur en offrait, pas plus que de manger du pain, dont ce malheureux peuple ignore la fabrication et l'usage. Cependant on cultive le blé dans certaines contrées de la Chine, et on en tire des farines qui sont livrées au commerce. Je sais, par exemple, que l'intendance de l'armée française s'est quelquefois approvisionnée à cette source. Dans les contrées que nous avons parcourues, les Chinois ne se servent de la farine que pour faire des patisseries dont ils sont très-friands.

Comme l'état de cuisinier ne plaisait ni à mon soldat, ni à moi, et que nous commencions à nous ennuyer de notre isolement, nous fûmes enchantés de voir arriver la compagnie de voltigeurs du 1er bataillon du 101e de ligne. Une nouvelle popotte, plus confortable que la notre fut bientôt organisée et mon admission prononcée, ainsi que celle de plusieurs autres officiers de compagnies du centre, cantonnées dans notre voisinage.

Dès ce moment, la vie devint très-supportable. On prenait le déjeûner à neuf heures et le dîner à cinq heures. Entre ces repas, chacun vaquait à ses occupations; ceux qui n'étaient pas retenus par leurs fonctions se promenaient ou faisaient des visites, quelques-uns allaient à la chasse. Il y avait dans notre petite société des officiers, qui, quoique privés de l'aide d'un chien, ne rentraient presque jamais sans rapporter un ou deux faisans; ce bel oiseau est très-commun en Chine. Après le dîner, quand nous avions pris notre café, la salle à manger était aussitôt transformée en salon de conversation et de jeu. Quand il y avait des invités, ce qui arrivait fréquemment, on servait, avant de se quitter, un punch ou un vin chaud. Le thé était moins apprécié, à cause de la mauvaise qualité de l'eau. Nous avions le vin à discrétion, car comme les rations de vin étant souvent insuffisantes, et le magasin de distribution très-éloigné, les officiers de voltigeurs avaient obtenu de l'administration, l'autorisation d'avoir un tonneau de vin en cave.

Cet état de choses faisait oublier bien des misères ; et tout allait aussi bien que possible dans ce triste séjour.

J'avais à peu près deux kilomètres à parcourir pour me rendre à l'hôpital, où j'arrivais par des rues tortueuses. Les Chinois ont l'habitude quand ils balayent leurs maisons, de tout jeter dans la rue, mais l'on ne songe guère à balayer celle-ci. Aussi fallut-il l'autorité des chefs de l'armée pour en faire disparaître des animaux qui y seraient tombés en décomposition, au grand préjudice de la santé publique.

La ville de Shang-haï est très-populeuse, et occupe un espace très-étendu ; car la plupart des maisons n'ont point d'étage. Elle est située à quinze lieues de la mer, sur le Yang-tsé-kiang, comme nous l'avons dit, et à 50 lieues de Nankin, qui était autrefois la capitale de la Chine.

On peut partager la ville en trois sections. La première comprend la ville proprement dite. Elle est de forme circulaire, entourée comme toutes les villes chinoises, d'un mur d'enceinte de quatre à cinq mètres de haut et d'autant d'épaisseur, avec des portes de distance en distance, gardées par des postes de soldats chinois. Dans la crainte d'une invasion des rebelles, qui avaient déjà fait leur coup d'essai, tout Chinois, ayant une mine et des allures quelque peu suspectes, ne pouvait franchir cette barrière qu'après un scrupuleux examen. Outre les troupes qui gardaient les portes, il y en avait d'autres, campées sous des tentes plantées sur les remparts. Ils faisaient le tour de la ville à des intervalles très-rapprochés, le bruit de leur tam-tam, prouvait qu'ils veillaient au salut de la cité.

Après l'arrivée des troupes alliées, des postes anglais et français furent adjoints aux postes chinois.

La grande Porte de l'Est près de laquelle j'étais caserné, tire son nom de sa position. Elle occupe le milieu du côté oriental de la ville, qui est parallèle au fleuve. De ce même côté, entre le mur d'enceinte et le fleuve se trouve la 2e section de la ville. Elle n'est ni moins étendue ni moins populeuse que la première et ouverte de trois côtés.

Je me trouvais ainsi au milieu de cette population chinoise qui, du reste, est très-douce et très-affable. La douceur de ses mœurs est, sans aucun doute, le résultat de son contact journalier avec les Européens. A l'extrémité sud de cette 2e section de la ville est situé l'établissement considérable des Jésuites, qui ne se bornent pas à faire de nombreux élèves pour la mission chinoise, mais qui s'occupent aussi de l'éducation de jeunes Chinois qu'ils préparent par l'étude des langues et quelque instruction, à servir d'agents d'affaires aux négociants européens.

Le mouvement des affaires de leur maison est considérable; les fonds dont ils disposent se comptent par millions.

Ils ont dans les mers de la Chine et des Indes une dixaine de bâtiments de commerce, qui font une forte concurrence aux Anglais et aux Américains.

C'est dans cette seconde section de la ville, que les rebelles pénétrèrent en 1860, après le passage des armées alliées. Quand celles-ci se dirigèrent vers le nord, du côté des forts du Peï-ho, ils ne laissèrent dans cette place importante que quelques compagnies d'infanterie anglaise et française. C'est ce moment que les rebelles choisirent pour l'attaquer, mais cette poignée d'hommes suffit pour la défendre.

Il est vrai que pour les déloger des quartiers à rues étroites où il n'était pas possible de faire manœuvrer des troupes, il fallut employer la pioche et le feu, comme avaient fait les Russes à Moscou.

Dès ce moment les habitants de Shang-haï n'eurent plus à craindre les attaques des rebelles, qui se tinrent à distance et se bornèrent à intercepter les relations commerciales avec l'intérieur de la province et particulièrement avec Nankin. Ces relations ne commencèrent à se rétablir qu'après le traité de paix signé à Pékin, lorsqu'une partie de l'armée alliée vint passer le quartier d'hiver à Shang-haï. La vue d'un bâtiment armé en guerre, qui avait remonté le fleuve jusqu'à Nankin, en avait un peu imposé aux rebelles, sans toute fois les désarmer, car jusqu'à ce jour, les hostilités entre eux et les troupes de l'Empereur, n'ont pas cessé dans cette province.

Le quartier européen forme la 3e section de la ville de Shang-haï. Il se compose de trois grandes concessions de terrain, faites à la France, à l'Angleterre et à l'Amérique, le long du Yang-tsé-kiang, dont elles sont séparées par un large quai, très-boueux par suite des pluies très-fréquentes dans cette contrée, depuis l'automne jusqu'au mois de mai.

L'hiver n'y est jamais bien froid; il y tombe rarement de la neige; et en été la chaleur est forte pendant le jour et les nuits sont fraiches et humides, ce qui en rend le climat fiévreux et meurtrier.

Cette 3e section, ne ressemble en rien aux deux autres. En la parcourant, on a de la peine à se croire en Chine. Tout y a l'aspect des grandes villes européennes. Les rues très-larges, se coupent à angles droits et sont bordées de chaque côté de trottoirs. Mais la rareté des pierres et l'absence du macadame font reparaître les inconvénients du quai.

Les maisons sont bien bâties, avec un ou deux étages, séparées les unes des autres par des jardins remplis d'arbres, d'arbustes et de fleurs. La plupart des rez-de-chaussées sont convertis en magasins, remplis de marchandises de toutes sortes et de tous les pays, à l'exception cependant, des produits français. Je dois dire à mon grand regret, que je n'en ai vu aucun.

La première concession, celle de la France, touche à la ville chinoise, avec laquelle elle communique par la porte du nord, appelée par nos soldats, la porte de France. A peu de distance de cette porte et dans l'enceinte des murs, il y a une grande place, appelée le jardin à thé. Cette place est entrecoupée de canaux et de petits étangs bordés de pierres trouées. Les divers compartiments du jardin communiquent par des chaussées et des ponts rustiques, formés de pièces de bois brut, et qui affectent les formes les plus bizarres. Les pièces d'eau sont des mares infectes, dont la surface verdâtre est bien propre à faire éclore des maladies, et où la gent des marais peut seule se trouver à l'aise. Au milieu de l'une de ces mares est construite une maisonnette qui paraît avoir servi de lieu de réunion aux buveurs de thé et aux fumeurs chinois. On avait conservé à ce local sa destination présumée; les officiers français s'y réunissaient pour faire une partie de causerie ou de jeu. Un cantinier y était établi sous le patronage de l'administration militaire.

Les maisons qui entourent cette place avaient été abandonnées par les Chinois, et l'on avait profité de la vacance pour y installer des officiers et des soldats. Le capitaine du génie, chargé des installations, m'avait fait préparer dans une de ces maisons, un local avec une table et des bancs, et c'est là que, jusqu'à mon départ de Shang-haï, j'ai célébré tous les dimanches, le culte de l'église que je représentais.

De la porte du nord à l'hôpital il n'y avait que quelques centaines de pas; mais de mon logement il y avait près de deux kilomètres. Je faisais souvent cette course, bien que le nombre des malades que j'avais à voir ne fût pas considérable.

Le service de l'aumônerie catholique était fait par les Jésuites, en l'absence de titulaires attachés à l'armée. L'aumônier-chef, M. Trégaro, aujourd'hui aumônier en chef de la marine, était parti pour la Cochinchine, avec une partie de notre petit corps d'armée. Le second, M. de Séré, était resté à Tien-tsin pour y passer l'hiver avec la 2e brigade, sous les ordres du général Collinau.

Dans la crainte que quelque conflit ne vint à surgir entre gens qui ne se connaissaient pas, le sous-intendant militaire, M. Périer, chargé de cette branche de l'administration, me fit appeler et, avec de bons et sages avis, il me remit une carte, au moyen de laquelle il m'était loisible d'entrer à l'hôpital quand bon me semblait. Je fus très-sensible à cette mesure de précaution. Ajoutons cependant qu'elle me devint inutile, car j'avais soin de me faire toujours accompagner par un infirmier.

Le bâtiment consacré au service de l'hôpital était très-rapproché de la ville chinoise. L'église catholique se trouvait aussi tout près de là. Presque toutes les maisons construites sur la concession française, appartiennent aux Jésuites, et ils en tirent de bonnes locations.

Parmi les négociants qui les occupent, je n'ai entendu parler que d'une seule famille française; les autres sont d'origine belge, hollandaise et suisse. J'avais une lettre de recommandation pour Messieurs Vauchier de Fleurier, près Neufchatel, deux frères, dont l'un dirigeait une maison à Shang-haï, et l'autre à Hong-kong. L'hospitalité que je reçus dans cette maison m'était d'autant plus agréable, que j'y étais accueilli tout-à-fait comme un compatriote. Il faut avoir voyagé dans un pays si éloigné de la patrie et d'un aspect si étrange et si nouveau, pour se faire une idée du peu de cas que les Européens qui s'y rencontrent, font des distances qui séparent les contrées dont ils sont originaires. On se rencontre avec satisfaction comme si l'on était enfants de la même ville ou du même village. Comme ces petites misères, ces fastidieuses rivalités de clocher, qui mettent trop souvent en émoi ceux, en particulier, qui n'ont jamais quitté la maison, paraissent ici ridicules et mesquines !

Au-delà de la concession française vient la concession anglaise, dont les maisons sont construites sur le même plan et les rues allignées sur le même modèle que celles de la concession française ; de telle sorte, qu'en passant de l'une dans l'autre, on ne se doute pas qu'on a changé de pays. Il y a pourtant cette différence, que la population très-nombreuse, est véritablement anglaise. Leurs immenses magasins remplis des produits de l'industrie anglaise, sont admirables; on y voit des quantités énormes de porcelaines, qui surprennent d'autant plus, qu'on comprend moins cette importation dans un pays qui en produit lui-même de si belles et de si fines, et qui en a perfectionné et multiplié la fabrication. Ainsi sont faits les hommes : Les Chinois se font gloire de se faire servir sur de la porcelaine anglaise, et les Anglais, sur de la porcelaine chinoise. C'est là un des résultats du contact des peuples, et il n'y a pas lieu de s'en plaindre ; car avec ou à la suite de l'échange des produits du sol ou de l'industrie, vient celui des idées et des sciences. Quant aux mœurs, il faut avouer que, bien qu'elles laissent partout à désirer, les Européens auraient cependant bien tort d'échanger les leurs contre celles des Chinois. C'est assez dire que celles-ci sont détestables.

La concession américaine qui fait suite aux deux précédentes, est couverte de riches maisons et de magasins bien assortis. Elle se termine par un vaste bassin, où l'on peut mettre à sec et radouber les vaisseaux.

Ces trois concessions réunies forment sur la rive du Yang-tsé-kiang, une grande ville européenne, qui, du midi au nord, occupe une étendue de plus de trois kilomètres. Par un temps sec, le quai qui est très-vaste, offre une agréable promenade, mais par un temps humide, il faut être bien chaussé pour s'y hasarder, car le sol serré et battu par les nombreux piétons qui le parcourent dans tous les sens, ressemble à une marne grasse, glissante comme de la glace ; cependant les Chinois de la classe indigente, et ce sont les plus nombreux, se contentent de semelles de paille de riz, attachées sous les pieds. Mais les riches, plus prudents, portent des bottes dont les semelles très-épaisses, sont garnies de clous pointus, comme ceux qui garnissent les pieds des chevaux ferrés à glace.

Il y a sur ce quai, cette animation qu'on trouve dans tous les grands ports de commerce : C'est un va et vient continuel de ceux qui transportent les chargements des vaisseaux dans les magasins, et de ceux qui, des magasins, portent les chargements dans les vaisseaux. Car toutes ces marchandises sont transportées par des Chinois qui, pour ce travail, sont munis de perches de bambou dont ils se servent comme de brancards. Ils se multiplient d'ailleurs autant que l'exige le poids du ballot qu'ils portent, et en marchant, ils poussent des cris continuels, d'autant plus forts, que leur charge est plus lourde. On serait tenté de croire que ce cri monotone de *hing-hang*, *hing-hang* qu'on entend sortir de tous les groupes de porte-faix, allège beaucoup leur fardeau. Il satisfait peut-être leur oreille, mais à coup sûr il est bien fatigant pour des oreilles européennes.

A de rares intervalles on voit d'élégantes voitures anglaises ou américaines, attelées d'un cheval vigoureux et fringant, se croiser avec des palanquins. D'une part ce sont de grandes dames, richement vêtues, qui étalent leurs bijoux et leurs crinolines rebondissantes, aux yeux des promeneurs. Ailleurs ce sont des dames chinoises qui, cachées derrière les rideaux du palanquin, laissent à peine surprendre un regard curieux qu'elles jettent discrètement sur la foule qu'elles traversent.

Dans tout le voisinage de Shang-haï, le Yang-tsé-kiang est couvert de bâtiments de commerce. Les Jonques chinoises, y figurent par centaines. Cès navires grossièrement construits, n'ont rien de l'élégance et de la solidité des navires européens. Leur forme ressemble beaucoup à celle des bateaux franc-comtois que nous voyons sur le canal du Rhône au Rhin. L'avant de ces navires représente une tête d'écrevisse avec ses yeux et ses antennes. Les deux extrémités sont très-élevées; tandis que le centre n'a pas plus de deux mètres au-dessus de la flottaison. Les voiles du plus grand nombre de ces bâtiments sont des nattes de jonc ou de paille de riz.

J'ai souvent entendu vanter l'habileté et l'adresse des matelots chinois. Ils suppléent admirablement par la prudence et le coup d'œil, aux nombreuses ressources que l'on ne trouve que chez les peuples les plus avancés dans l'art de la navigation. On ne peut s'empêcher d'admirer les sages précautions qu'ils prennent pour franchir des passages étroits et difficiles, ou lorsqu'ils sont entraînés par les courants.

Les jonques sont pour les familles de leurs propriétaires chinois ce que la maison paternelle est chez nous. Elles s'y succèdent de génération en génération. Les enfants y naissent et y grandissent, les hommes y vieillissent et y meurent. Ils n'ont point d'autre demeure. Dans cette demeure, les uns transportent les marchandises de toutes les contrées de la Chine, en utilisant les fleuves et les canaux; les autres amarrent leurs navires au bord des fleuves où, sans sortir de leur habitation, ils exercent jusqu'à leur mort, le métier de pêcheur. Ces hommes amphibies sont très-nombreux dans tous les ports de la Chine. Mais bien qu'il vive sur l'eau, ce peuple n'en est pas plus propre pour tout autant. Ces habitations sont d'une saleté repoussante. Si vous y êtes attiré par la curiosité, vous n'y séjournez pas longtemps; il n'y a que des Chinois qui soient capables de vivre dans un tel lieu.

Ces jonques ont rendu d'importants services à notre armée. Comme leur tirant d'eau est beaucoup plus faible que celui des navires européens, on s'en servait avantageusement sur les bords de la mer et sur les fleuves où l'eau manquait de profondeur. On les remorquait au moyen de nos petites canonnières à vapeur qui, n'ayant ni murs à démolir ni brèches à faire, trouvaient ici un excellent et utile emploi. Quelques-unes de ces jonques avaient été abandonnées par les propriétaires, mais celles qui avaient gardé leurs habitants furent mises en requisition pour les besoins de l'armée, et les indemnités stipulées avec les propriétaires, leur furent généreusement et loyalement payées. On obtint aussi de très-bons services des Chinois qui, pour de l'argent, ne reculent devant aucune difficulté.

Depuis bien des années les navires européens affluent en grand nombre dans le port de Shang-haï. On trouve une preuve frappante de son importance croissante dans l'exposé du mouvement de ce port, depuis le 1er juillet au 31 décembre 1855, publié par le bureau des douanes maritimes de cette ville. Pendant cette période de six mois, le nombre des vaisseaux entrés dans le port a été de 364. 249 anglais, 57 américains, 7 danois, 11 hambourgeois, 11 hollandais, 9 suédois, 6 espagnols, 5 portugais, 3 péruviens, 4 siamois,

2 brémois. On voit avec peine que toutes les nations commençantes du globe y sont représentées, excepté la France.

Depuis cette époque le mouvement a beaucoup augmenté, et il augmentera encore. Le recensement qui se ferait aujourd'hui, serait plus favorable à notre marine marchande et à la France ; il y a lieu d'espérer que nos vaisseaux de commerce occuperont désormais une place de plus en plus large dans ce port, auquel est réservé le plus bel avenir.

Le relevé du thé exporté de Shang-haï, dans une période de six mois, de cette même année 1855, s'élève à plus de 38 millions de livres ; celui de la soie, à 30,207 balles. Le relevé de toute l'année 1855, porte à 434 vaisseaux de toutes les nations, et d'un tonnage de 154000 tonneaux le nombre des arrivages, et à 437 le nombre des navires sortis du port. L'exportation du thé s'est élevée à 76.741.659 livres ; celle de la soie à 55,537 balles ; celle du coton est d'une importance insignifiante, bien que la récolte en soit très-abondante dans ces contrées.

Avec la facilité des communications et des transports qui fait de nos jours de si prodigieux progrès, cette marchandise, qui joue un si grand rôle dans notre industrie, finira sans doute par arriver aussi sur nos marchés.

Parmi les 18 provinces dont se compose le céleste Empire, celle de Kïang-sou, est une des plus riches. Nankin, l'ancienne capitale de la Chine, en est le chef-lieù, et Shang-haï le port principal.

Les productions du pays, très-variées et très-abondantes, consistent principalement en riz, en coton jaune, en thé vert de qualités supérieures. Le mûrier y est cultivé avec le plus grand succès, et les fabriques de soieries y sont très-nombreuses. Le commerce des draps est, sous cette latitude élevée de l'empire chinois, d'une importance considérable.

J'ai emprunté à un voyageur plus heureux que moi, (1) quelques observations sur cette province si intéressante de Kiang-sou, à laquelle je n'ai guère fait que toucher.

Après le tissage du coton jaune, la principale occupation des Chinois qui habitent la campagne aux environs de Nankin, est l'élevage des vers à soie. Cette industrie connue dès la plus haute antiquité dans le Céleste Empire, suppose la culture

(1) Voyage en Chine, du capitaine Montfort.

du mûrier. Aussi cet arbre, qui d'ailleurs est originaire de la Chine, est-il très-commun dans cette contrée. L'espèce que l'on y cultive ne diffère de celle de nos provinces méridionales que par la feuille plus large et plus charnue.

Le cocon du ver-à-soie est aussi plus gros. Du reste, même méthode de culture, de cueillette de la feuille, de préparation du cocon que chez nous. En général, la soie ne se récolte que dans la campagne. Le mûrier, arbre d'utilité, est banni des jardins des riches particuliers. On n'admet dans ces superbes enclos, que les arbres qui charment les sens ou par leur feuillage ou par leurs parfums.

Si dans quelque coin écarté, ils font une place aux arbres utiles, cette exception n'est guère que pour ces arbres précieux qui produisent, à force de soins, les fruits exquis dont leur palais est avide et dont on voit leur table chargée chaque jour. Le mûrier est donc relégué aux champs. Mais là, il y est choyé et chéri, parce que le paysan sait qu'il lui doit son bien-être. C'est en prévision de la récolte de la soie que sa maison est construite; que les ouvertures y sont ménagées de telle sorte que les vents, qui pourraient incommoder les vers nouvellement éclos, n'y pénètrent jamais; et qu'il entretient une température toujours égale dans l'appartement où les œufs doivent éclore. Ses enfants sont moins bien soignés.

Il n'y a dans la campagne que peu d'ouvriers qui tissent la soie ; c'est à Nankin qu'est mise en œuvre toute celle qui se récolte dans cette riche province. Les habitants de la campagne moins habiles que ceux de la ville, ne tissent généralement que du coton. Les ouvriers en soie habitent les quartiers infects de la ville, et c'est dans ces habitations malsaines, dans la construction desquelles la pierre n'entre jamais, que sont fabriquées ces riches étoffes, qui sont communément portées par les grands du Céleste Empire.

Nulle part les étoffes de soie ne sont plus abondantes qu'en Chine, et les ouvriers, à l'habileté desquels on les doit, n'en sont pas plus heureux et n'en vivent pas plus à l'aise.

En Chine, plus que partout ailleurs, ce n'est pas le travailleur qui jouit du fruit de son travail ; il est aux gages d'industriels plus riches ou plus habiles, qui exploitent sa misère, et ne lui paient pour son travail et son industrie, qu'un salaire fort modique, à peine suffisant pour ne pas le laisser mourir de faim.

La journée d'un manœuvre en Chine varie de 50 à 100 sapèques, 25 à 50 centimes de notre monnaie; et avec ce salaire, l'ouvrier doit se nourrir, se vêtir, se chausser et se loger.

Depuis deux siècles, Nankin a beaucoup perdu de son antique splendeur. Autrefois, quand les empereurs de la Chine résidaient dans ses murs, nulle ville au monde n'aurait pu rivaliser avec elle en beauté et en magnificence. Assise au milieu d'une plaine immense et d'une fertilité inouïe, cette ville s'appuie nonchalamment sur des collines admirablement boisées, pendant que ses pieds se baignent dans des canaux sans nombre, qui, après avoir divergé de toutes parts, dans tous les sens où le besoin des eaux se fait sentir, viennent confluer dans un vaste bassin qui, à l'occasion, sert de réservoir.

Quelques-uns de ces canaux pénètrent jusque dans la ville et fournissent des eaux aux jardins des riches particuliers; d'autres enfin sont éparpillés dans la campagne pour les besoins de l'agriculture et de l'industrie.

La ville est divisée en deux portions parfaitement distinctes, le quartier chinois et le quartier tartare; la même division qui existe aussi à Pékin.

Les Chinois et les Tartares ne s'aiment pas et sont peu disposés à vivre ensemble.

Ces deux quartiers sont séparés à Nankin par de vastes terrains, aujourd'hui livrés à la culture, et qui autrefois, ont vu les fêtes impériales dans toute leur splendeur; car c'est sur ces terrains qu'était bâti le palais du Fils du Ciel.

En Chine, un palais n'est pas seulement une habitation princière : c'est surtout et avant tout, un vaste ensemble de plantations et de jardins, qui donnent en raccourci à leur propriétaire un spécimen de toutes les productions du monde. S'il reste aujourd'hui quelques débris des anciennes plantations impériales, elles sont encadrées dans les espaces occupés par les riches mandarins tartares. Quant aux constructions, elles ont complètement disparu; on n'en voit pas même les ruines, et c'est bien de celles-ci qu'on peut dire qu'il n'en est pas resté pierre sur pierre.

Nankin est rempli de monuments superbes ; ses temples et ses palais ne peuvent se comparer qu'à ce que l'empire chinois contient de plus merveilleux.

Le voyageur français auquel j'ai emprunté une partie de ces observations, a été assez heureux pour pouvoir visiter Nankin, il y a déjà plusieurs années, malgré la difficulté qu'il y avait pour un étranger, à pénétrer dans les grandes villes de l'intérieur et à être reçu chez les riches particuliers. Il avait rencontré un homme qui se distinguait par quelque chose d'original, d'extraordinaire, de mystérieux même, et qui parlait plusieurs langues. Il était d'origine indienne, connaissait bien la Chine et en possédait la langue comme un Chinois lettré; le dialecte de Nankin, qui passe pour le plus beau, le plus pur et le plus élégant, lui était tout particulièrement familier. Cet Indien consentit à accompagner et à guider notre voyageur. Guide d'autant plus précieux, que sa parfaite connaissance du pays et des mœurs des habitants, lui ménageait partout un asile.

Tous deux revêtirent le costume chinois et se mirent en route. Tant par eau que par terre, ils arrivèrent à Nankin, but de tous leurs désirs. L'Indien avait une vieille connaissance à Nankin; c'était un grand mandarin qui paraissait avoir servi comme général dans l'armée de l'Empereur, et qui possédait un des plus riches palais de cette antique cité. Il lui présenta son compagnon de voyage et dans un langage que ce dernier ne comprenait pas, lui fit probablement connaître de quel pays il venait. Après quelques moments d'entretien, le grand mandarin ne pouvant cacher plus longtemps l'émotion qu'il éprouvait, dit à son hôte, lui adressant la parole en bon français : Vous êtes, dites-vous, de Marseille, et moi je suis de Leinaux; ces deux villes ne sont pas très-éloignées l'une de l'autre, et pourtant si nous ne les avions jamais quittées, il est possible que nous ne nous fussions jamais connus.

De tous les monuments que renferme Nankin, le plus remarquable est le fameux Paognen-tzée, ou temple de la reconnaissance, célèbre dans le monde entier par la tour de porcelaine qui le domine. Ce temple est une pagode du plus ancien style chinois. On y pénètre par trois portes qui regardent trois points différents de l'horizon. La porte du nord est la plus belle. Elle est richement sculptée, on y voit en relief les animaux qui passent pour les plus reconnaissants de la création. Cette porte ouvre sur une vaste place carrée, plantée d'arbres magnifiques, et ornée de trois arcs de triomphe d'une belle architecture et richement ornementés. N'ayant pas eu occasion de voir moi-même ce temple, j'en empruntai la description à

M. Dupré, officier de marine, qui ne parle que des choses qu'il a vues de ses yeux.

« Au milieu d'un des côtés de la place, se trouve une avant-pagode, qui précède une vaste cour plantée d'arbres, entourée de bâtiments peu élevés, servant de logements aux bonzes, (prêtres chinois). Au fond de la cour, un large perron, divisé en trois escaliers, conduit à une plate-forme sur laquelle s'élève une pagode à deux toits et entourée d'un portique; cet édifice est peint en rouge, ainsi que toutes les constructions accessoires; il a de cinquante à soixante mètres de façade, sur une profondeur de quarante mètres environ. Les bonzes s'offrirent pour nous servir de guides. »

» J'éprouvai, dit M. Dupré, en pénétrant dans la pagode, un sentiment que ne m'avait encore inspiré aucun temple chinois : c'était un respect mêlé de recueillement. Son étendue, le silence qui y règne, la demi-obscurité dans laquelle elle est plongée, lui donnent un caractère grave et religieux. Trois Fô gigantesques trônent en face de la porte d'entrée; ils sont séparés par deux personnages debout, dans une attitude pieuse. Devant la statue du milieu se trouve la déesse Koua-Nine. Trois beaux autels en bois ciselé supportent une centaine de statuettes sculptées avec beaucoup de recherche; six grands vases de bronze d'une belle forme, une cloche de même métal et un énorme gong complètent la décoration de cette partie de la pagode. »

» La charpente, qui reproduit intérieurement toutes les formes extérieures du toit, est un chef-d'œuvre d'élégance et de délicatesse; elle est peinte de couleurs éclatantes que réprouverait un goût plus pur. »

» Des tapisseries tendues sur les côtés représentent les saints les plus respectés de la mythologie boudhiste. »

» La tour de porcelaine s'élève au centre de la plate-forme sur laquelle est bâtie la pagode; elle est jointe à cet édifice par une galerie de bois. Sa hauteur est d'environ soixante-quinze mètres au-dessus du sol, qui est lui-même de douze à quinze mètres plus élevé que le niveau des eaux du canal. Son diamètre de quinze à dix-huit mètres à la base, diminue légèrement à mesure qu'elle s'élève. »

» Elle est octogone extérieurement, et se compose de neuf étages, séparés par autant de toits à arêtes concaves. Le toit supérieur qui couronne le monument, supporte un cylindre un peu renflé vers le milieu, et composé de cercles horizontaux; à l'extrémité de l'axe se trouve un ornement doré, de la forme d'une poire très-régulière. »

» Chaque étage est entouré d'un balcon qui communique avec le dedans par quatre portes voutées, percées sur les faces cardinales. Les toits sont couverts de tuiles enduites d'un vernis vert. Les charpentes qui les soutiennent, et qui sont d'un beau travail, sont de la même couleur. Les murailles sont cachées sous un épais revêtement de porcelaine peinte. »

» De près, cette tour qui vous domine avec tous ses riches détails, ses couleurs éclatantes, la complication de ses lignes, produit un effet dont il est difficile de se rendre compte. »

» C'est grand, c'est massif, sans être lourd; c'est d'une richesse extraordinaire. Mais je ne pense pas, dit M. Dupré, qu'un homme d'un goût sévère, puisse trouver dans cet édifice la réalisation d'un de ces types dans lesquels se révèle la beauté idéale, et que, sans les avoir jamais vus, nous reconnaissons dès qu'ils viennent à frapper nos regards charmés. »

» Aussi, quand à une certaine distance, toute cette exubérance de riches détails vient à disparaître, quand les masses, les reliefs et les contours généraux peuvent seuls parvenir à l'œil, ce monument célèbre produit à peu près le même effet que les tours moins vantées qui s'élèvent en grand nombre sur les bords du fleuve; c'est toujours un tronc de cône presque cylindrique, le rapport de l'axe au diamètre varie seul; il fait paraître les unes plus massives, les autres plus élancées. Comme toutes les lignes verticales qui coupent inopinément les lignes onduleuses que nous présente la nature, elles sont d'un bel effet dans le paysage, où elles introduisent un élément nouveau. »

» Mais qu'elles sont loin d'égaler en beauté la plupart des clochers, monuments de la piété de nos pères, chefs-d'œuvre inspirés d'une science naïve qui semble s'être ignorée elle-même! »

» Une galerie de bois à jour entoure l'étage inférieure et protège contre l'inclémence de l'atmosphère les riches ornements qui couvrent la muraille. Les quatre portes par lesquelles on pénètre dans l'intérieur, sont entourées d'un gros cordon ciselé. De chaque côté des portes, ressortent en demi-bosse deux génies énormes, entièrement dorés et sculptés avec recherche, quoique sans beaucoup de correction; chacune des quatre autres faces supporte trois de ces génies. Ces vingt statues colossales se dessinent sur un fond d'arabesques peintes de couleurs variées, travail d'un grand fini et d'une étonnante complication ; ce sont les fantaisies les plus bizarres, mêlées à des animaux réels ou fantastiques, à des édifices, à des hommes. L'effet de cette décoration est d'une splendeur telle, qu'il est difficile de ne pas être frappé d'admiration en pénétrant sous cette galerie. »

» Les portes voûtées percent une muraille qui a environ trois mètres d'épaisseur ; elles sont couvertes d'arabesques plus fines, plus délicates et de meilleur goût que celles de l'extérieur. Sur ces ornements, peints en vert et en rouge, se dessinent en relief des statues dorées ; il y en a quatre à chaque porte : on y retrouve ces figures menaçantes, armées, qui plaisent tant aux Chinois. J'en ai cependant remarqué trois qui sont dans l'attitude du repos le plus profond ; elles sont d'une belle exécution et semblent tirées de quelque vieux temple égyptien. »

» La tour est carrée à l'intérieur. Le centre de l'étage inférieur est occupé par un autel en pierre, de quatre pieds de haut, sur lequel se trouve une espèce de tabernacle doré, de la forme des vieilles pagodes indiennes. Quatre niches creusées dans cette petite pagode, font face aux quatre portes et recouvrent autant de dieux Fô, dorés et accroupis. Cette même image est représentée de grandeur colossale à côté de chacune des portes. Le reste de la muraille est partagé en petits ovales d'un pied de diamètre, qui encadrent chacun un de ces dieux. Ces nombreuses représentations du dieu unique, Fô, ne diffèrent entr'elles que par la position des mains et l'arrangement des doigts, qui doit être symbolique. L'obscurité est trop grande pour qu'il soit possible de discerner le plafond qui, dans les étages supérieurs, est divisé en caissons carrés, peints de couleurs grossières, mais éclatantes. »

» On monte d'un étage à l'autre par une échelle en bois, qui ne mérite pas le nom d'escalier, tant elle est étroite, raide et peu commode. »

» Les huit étages supérieures sont exactement semblables entr'eux ; au centre il y a toujours une niche en bois rouge, occupée par la statue de Fô ou celle de Koua-Nine ; à l'avant-dernier étage seulement, elles sont remplacées par quatre statues adossées. La muraille est, comme à l'étage inférieure, partagée en petits ovales concaves qui encadrent autant de dieux dorés qui ressortent, comme de petits médaillons, sur un fond noir. »

» Du haut de la tour de porcelaine, l'œil embrasse un immense horizon qui se perd dans l'infini ; on aperçoit une longue ligne de monuments qui se prolonge fort avant dans les terres, et offrent à la vue les derniers débris d'une antique et puissante ville, aujourd'hui complètement abandonnée. »

Dans tous les pays du monde, il y a des ruines. Il y en a en Chine comme ailleurs. Les ruines, en général, frappent et séduisent par leur abandon et leur solitude. On aime à les rencontrer dans un désert, parce que ce contraste de l'isolement actuel et de la vie d'autrefois a quelque chose de poignant, qui s'empare de l'esprit et le fait rêver. Mais sur un sol aussi peuplé que celui du Céleste Empire, lorsque les hommes agglomérés dans les cités s'y pressent et s'y entassent au point de n'avoir plus guère la liberté de leurs mouvements, les ruines n'ont plus aucune raison d'être, et la réflexion vient aussitôt les découronner de toute poésie. Celles que l'on aperçoit du haut de la tour de porcelaine sont tout ce qui reste d'une ville qui fut florissante au temps des Mings.

Personne n'habite aujourd'hui ces vastes monuments qui ont résisté à l'action corrosive du temps, et leur effet dans le paysage est bien plus triste que pittoresque. Les campagnards, du reste, ont le plus grand respect pour ces débris, et, loin d'en abattre les murs et de s'emparer des matériaux pour reconstruire des maisons plus saines et plus commodes, ils passent en inclinant la tête et en se rappelant les gloires des temps disparus.

Après cette petite excursion dans l'ancienne capitale de la Chine, et avant de nous confiner de nouveau dans l'enceinte des murs de Shang-haï, je signalerai une industrie qui ne manque pas d'intérêt. c'est un établissement pour faire éclore les œufs. que l'on voit dans les environs de cette ville.

Cette industrie singulière explique l'abondance extraordinaire d'œufs et de volailles que l'on trouve sur les marchés.

On compte dans cet établissement vingt-six fours, grands à l'extérieur, petits à l'intérieur, construits en terre mélangée avec de la paille, et recouverts d'une natte très-épaisse. Ces fours sont chauffés au charbon de terre, et, lorsqu'ils sont allumés, on les ferme pour éviter le tirage. Sur le haut de chaque four on place un panier couvert, au fond duquel on étale les œufs. Pour distribuer également la chaleur, on les retourne cinq fois par jour. On les laisse sur le four un certain nombre de jours afin de les éprouver. Pour reconnaître ceux qui sont fécondés, il faut six jours lorsque ce sont des œufs de canards.

Voici comment on obtient cette certitude : lorsqu'ils sont restés sur le four pendant le temps nécessaire, on les enlève avec soin et on les expose à une vive lumière ; ceux dans lesquels on n'aperçoit pas un point noir, sont déclarés stériles. Pour se procurer une lumière intense, on emploie le moyen suivant : Comme nécessairement l'intérieur du local d'éclosion est sombre, puisque autrement il ne pourrait répondre à son but, on perce dans la muraille un trou de grandeur telle, qu'un œuf peut le fermer complètement ; et c'est par cet orifice qu'on les examine à la clarté du soleil.

L'expérience démontre que par ce procédé artificiel, sur dix œufs de poule, il n'en éclôt que quatre ; et on en fait éclore tous les ans sept cent mille.

Les œufs qui sont reconnus bons, sont replacés dans des paniers sur le four, et, au bout d'un autre nombre de jours, on les transfère sur des tablettes soigneusement rembourrées de soie ou de coton. Les ouvriers les arrangent avec une grande régularité, et il est extrêmement curieux de voir avec quelle adresse ils les manient sans les briser. On les recouvre avec des coussins de coton ; on ne met point de feu dessous ; mais au moyen des fours, la température chaude de cette espèce de caverne est entretenue à un degré convenable.

Les œufs s'ouvrent à jour fixe. Les œufs d'oie, le trente-troisième jour, après avoir passé seize jours sur le four et seize jours et demi sur les lits. Les œufs de canard, le vingt-neuvième jour, dont quatorze sur le four et quatorze sur les lits ; les œufs de poule, le vingt-troisième jour, dont douze jours sur le four et dix sur les lits.

Il est curieux, en visitant cette fabrique de volailles, d'entendre de tous côtés les piaulements des petites créatures dans leur coquille, ou de les voir becqueter avec colère les murs de leur prison.

Un nouvel éclos allonge sa petite tête d'un air de curiosité à la vue du monde dans lequel il entre ; un autre prend en sautant, possession de sa liberté, et un troisième mange son ancien domicile pour satisfaire les premiers instincts de la faim.

Dès qu'elles sont écloses, les petites volailles sont emportées et vendues aux marchands. On dit que les poulets éclos sous l'aile de leur mère sont préférés aux autres ; on dit aussi que ceux qui sont éclos artificiellement ne peuvent boire d'eau froide, et qu'elle les fait périr. Je ne sais ce qu'il y a de vrai dans ces *on dit*.

L'éclosion artificielle se fait sur une grande échelle dans la province de Canton, qui abonde en canards. Les petits canards ainsi obtenus s'élèvent sur les bords marécageux de la rivière des Perles.

Par le même procédé, on fait éclore des œufs de pigeon, de caille et de perdrix ; l'on trouve ces dernières vivantes sur les marchés.

On ne pénètre pas aussi aisément dans les palais que dans les fabriques de volailles ; le cérémonial en usage chez les grands de la Chine est bien plus compliqué que celui que l'on observe chez les plus grands personnages en Europe. Voici un exemple des formalités exigées pour entrer chez un mandarin. Pendant notre séjour à Shang-haï, mon ami Dorn eut à s'aboucher avec le grand mandarin pour affaire de service.

Je n'eus pas le bonheur de faire partie de son escorte ; mais son récit marqué au coin de la sincérité et de la vérité, n'en est pas moins digne d'intérêt. Je vais laisser parler ce représentant de la France :

« Comme à un grand personnage en Europe, j'avais demandé une audience. Au jour et à l'heure fixés je me mis en route en grande tenue, escorté de deux officiers d'artillerie, MM. Guérin et Vieux, chacun dans son palanquin, moi en tête, porté, non comme défunt Malborough, par *quatre-s-officiers*, mais par quatre colies à longues queues. »

» Mes satellites me suivent également en palanquins. Devant nous marche un mandarin subalterne, le fouet à la main et devant lui un coureur avec ma carte de visite écrite en chinois sur papier rouge. Dans la crainte du fouet, les Chinois curieux s'applatissaient contre les murs pour laisser passer librement les palanquins. Derrière mes satellites, venait mon interprête, signor Saëz. »

» Arrivés à la porte du Yu-moun. — Halte! Tout y est barricadé et fermé; on dirait une place de premier ordre. »

» Par une espèce de guichet, mon coureur glisse dans la place et présente ma carte; alors, comme par enchantement, les dragons qui d'abord faisaient mine de nous dévorer, nous sourient en grinçant les dents. Le pont levis et la porte cochère crient sur leurs gonds, la voie est ouverte, les barrières sont abaissées; bref, une musique douce, de cornemuses, de faux-nez à sourdines et de pétards annonce notre arrivée. »

» Les porteurs reprennent leurs fardeaux, les palanquins balancent de plus belle nos personnes, et ne tardent pas à nous déposer aux pieds d'un personnage qui joint les mains devant nous et répète, en s'inclinant : *thsinn*, *thsinn !!* »

» A mon tour, je répète *thsinn*, *thsinn* !! et à la fin je lui saisis la main, et la lui serre. Lui m'en fait autant, puis il me fait passer par une série de galeries, et m'introduit enfin, à travers une haie de mandarins, qui, tous joignent les mains, dans la salle de réception, où il y a des nuées de dragons et autres gentillesses peintes sur les murs et sur les lanternes. »

» On me fait asseoir à la place d'honneur, à gauche du siége occupé par les mânes de l'invisible ancêtre, mes aides de camp à droite, et devant nous, sur un siège assez bas, s'assied le vice-roi (grand mandarin, ou Faotaï). Il donne ordre à des mandarins de nous apporter des tasses, des pipes, des cigarres et du feu, et nous fait toutes sortes de gentillesses et de galanteries chinoises. »

» Puis viennent les questions d'usage : comment on se porte, comment on se plait, ce que l'on dit des historiettes, des nouvelles du jour, toutes choses étrangères à l'objet da la visite, et le tout par l'intermédiaire de l'interprète. »

» Après une conversation si importante, le vice-roi nous invite à passer dans une autre salle où sont exposés cent vases de toutes sortes de formes, renfermant patisseries, confitures, fruits confits, puis des breuvages, entre autres le *tsimounn*, espèce de champagne fait avec de l'orge. »

» J'occupe de nouveau la place d'honneur à gauche d'un siége laissé vacant, et le vice-roi, au bout de la table est occupé à vous traiter aux nids d'hirondelles, aux œufs pourris et autres mets de ce genre. »

» Le moment est enfin venu de glisser le mot qui faisait l'objet de la visite, puis on se dispose à se quitter. »

» Le départ s'opère avec le même cérémonial que l'arrivée ; les portes sont ouvertes, on les franchit au son des musettes et des pétards, et en avant vont, en trottillant, les porteurs et les courriers, qui distribuent force coups de fouet et de bambou. »

En Chine comme ailleurs, une visite en provoque une autre. Voici la description de celle que rendit le vice-roi à l'officier français.

C'est encore mon excellent ami qui va en faire le récit :

« Demande de la part du vice-roi, s'il peut m'être agréable d'admettre en mon illustre présence son très-chétif personnage. »

» Toute la conversation se traîne en longs pourparlers sur le même ton. La politesse veut qu'en ayant l'air de se faire petit, on fasse ressortir la grandeur, la dignité, le mérite, la science ou le pouvoir du personnage illustre auquel la parole est adressée. »

» Averti quelques jours à l'avance de la visite du grand personnage, vice-roi ou Tao-taï, je me suis aussitôt mis en quatre pour transformer ma tente en une sorte de chapelle. Au fond, trois siéges fabriqués à la hâte avec quelques caisses à munitions; celle du milieu un peu plus haute, le tout recouvert de tapis. »

» En avant, de chaque côté étaient des caisses plus simples, plus petites et uniformes, disposées sur deux rangs s'ouvrant en éventail, et destinées à recevoir le fretin des mandarins de la suite, et enfin un tout petit escabeau pour votre serviteur, en face de l'espèce d'estrade élevée au centre; puis tout autour, des armes et des drapeaux, qui donnaient à la scène un cachet européen et guerrier. »

» La veille au soir, je reçus la carte de visite du vice-roi ou Thsée ; carte rouge. Le lendemain matin d'heure en heure, nouvelle carte de visite, et enfin vers l'heure fixée, les courriers se succèdent de plus en plus près. »

» A une heure, (la 6e du jour chinois) on vient me dire que le cortège approche. On voit venir sur deux rangs, en longue file, une centaine de personnes laissant libre toute la largeur de la voie ; au milieu marchent de temps à autre, une sorte de chefs de files, au-dessus desquels flottent des drapeaux à flammes rouges, blanches, vertes, noires parsemées de tigres grinçants, de dragons à 3, 4 et 5 griffes, des inscriptions en rouge, en noir, en or qu'aucun peintre d'enseigne ne saurait reproduire. »

» En tête de chaque file marchaient des êtres fantastiques et d'un aspect hideux, imaginés tout exprès pour inspirer la frayeur : ce sont les bourreaux attachés à la personne du vice-roi. Ils sont au nombre de quatre ou de cinq et placés de chaque côté de lui. Ils portent une coiffure rouge, conique, semblable à celle des Persans ; ils ont les manches retroussées et sont armés de toutes sortes de coutelas rougis en apparence par la rouille ou par du sang. Ce n'est pas beau à voir! La colonne est précédée de cavaliers armés de fouets, de coureurs à pied, avec des bambous dont ils appliquent force coups sur les épaules et à travers la figure des manants, qui ne se sauvent pas assez vite à leur approche. »

» Derrière tous ces bourreaux viennent des porte-hallebardes et des porte-sabres, porte-coutelas, ou autres armes de guerre, qui varient de forme et de dimensions avec chaque peloton. De temps à autre des drapeaux, des bannières portées *ad libitum*, et des hommes trotillant sans mesure et n'ayant pas même l'idée de cadencer le pas. »

» Comme le Tao-taï est un des personnages les plus importants de la Chine, sa dignité est représentée par plusieurs parapluies rouges, chargés d'inscriptions et portés devant lui. Quant à ce rare personnage, vous ne le voyez pas ; il est assis dans son palanquin porté au moyen de perches flexibles en bois de rose, par quatre colies en grand uniforme, c'est-à-dire en casaques de soie bariolée et couverts du nom illustre de *Ou-Thsée*. Dès que ce corps d'élite s'est approché de ma tente, je suis allé au-devant du grand personnage, qui, à peine sorti de son palanquin, multiplie les *Tsinn! Tsinn!* en arrondissant son échine. »

» Je le salue, je lui tends la main; il me la saisit des deux siennes et me la serre cordialement. Au bruit de nos canons, je sens ses nerfs tressaillir; mais sa figure ne laisse entrevoir aucune trace de frayeur. Je le fais entrer dans ma tente, je le conduis à la place d'honneur, à gauche de la place réservée du centre, et j'invite le mandarin le plus huppé à s'asseoir sur le siège de droite. Quant à la place du milieu, que les Chinois destinent à leurs ancêtres, j'avoue qu'elle m'a aussi fait penser aux miens, du moins à mon bon père, qui aurait ri de bien bon cœur, s'il m'avait vu présider cette réunion, bien honorable sans doute, mais qui offrait un coup d'œil si insolite. A mon tour je pris place sur le petit escabeau qui m'était destiné. »

» Quand tout le monde fut rangé, je fis signe à mon adjudant de faire présenter des cigarres, du thé, puis nous fîmes admirer à son altesse, quelques armes, des livres; et toujours avec l'aide de l'interprête, nous lui expliquâmes mille choses, auxquelles il répondait chaque fois en faisant entendre les mots : *Ken hao! Ken meï! Que c'est bien!*

que c'est beau! Je lui fis ensuite goûter de la patisserie, des biscuits, des confitures et des conserves, puis du vin et des liqueurs. Le champagne est très-goûté de l'élite de la société chinoise; mais quand je lui fis servir de mon vin de Riquewihr, il fit claquer sa langue et dit avec satisfaction : *Ken hao ché kho thiou ! Que bon est ce vin !* »

Leur manière de boire à la santé a quelque chose d'original ; voici comment ils s'y prennent : Ils saisissent le verre entre leurs deux mains ouvertes, les doigts étendus et les ongles en l'air ; puis tout en le comprimant légèrement, ils vous font face et vous saluent trois fois en souriant, sans oublier leur éternel *Tsinn tsinn !*

Au départ tout se passe comme à l'arrivée : les courriers en avant, les porte-fouets, etc. Le *Tao-taï* dans son palanquin ferme la marche.

Un sage a dit qu'il n'y a rien de nouveau sous le soleil. J'en trouve une preuve, entre autres, dans les mœurs chinoises. Bien que les conférences soient à la mode en France, que les Anglais et les Américains nous aient devancés dans ces entretiens scientifiques et littéraires, le brevet n'en appartient pas pour tout autant aux Européens ; elles existent en Chine de temps immémorial. On y voit des lieux de réunion appelés *Tha-poo*, où les Chinois, groupés autour de petites tables à thé, comme les amateurs de la chope de bière, dans nos estaminets français, prêtent volontiers l'oreille au récit ou à la déclamation de quelque sujet intéressant.

L'orateur assis sur une espèce de chaise (comme votre humble serviteur en ce moment) récite ou déclame soit des vers, soit un discours, soit une historiette, au milieu d'un auditoire attentif et nombreux, et toujours occupé à boire du thé.

Les éclats de rire des auditeurs laissent aisément deviner que le genre de questions qui captive leur attention, n'est pas toujours des plus sérieux. En quoi leurs conférences diffèrent des nôtres, c'est qu'on n'y voit point de femmes. Le rôle de celles-ci est excessivement borné dans la société, car elles sont beaucoup moins lettrées que les dames européennes.

Je me vois forcé de vous laisser encore en route, mais cette fois, dans une ville qui ne manque point de ressources.

QUATRIÈME PARTIE.

Les observations que j'ai eu l'honneur de vous communiquer l'année dernière, vous ont déjà fait connaître Shang-haï, son port, son commerce et les nombreux Européens qu'on y rencontre. Mais avant d'entrer dans un nouvel examen de la vie chinoise, je veux vous faire le récit d'une courte excursion dans le voisinage de cette ville.

Le directeur du parc d'artillerie, que je voyais très-souvent, avait été appelé à Vouzon pour affaires de service, et il savait que j'attendais une occasion favorable pour rendre visite à Monsieur Jauréguiberry, capitaine de vaisseau, commandant de la frégate la *Meurthe*.

La petite ville de Vouzon est située à mi-chemin entre l'embouchure du Yang-sée et Shang-haï. La distance que nous avions à franchir est de cinq lieues environ.

C'est dans le port de Vouzon que s'arrêtaient les vaisseaux de haut-bord, parce qu'ils ne peuvent, sans danger, remonter le fleuve jusqu'à Shang-haï.

Le directeur du parc me proposa de faire cette course en palanquin. C'était nouveau pour moi; je n'avais pas encore fait usage de ce genre de véhicule, si commun en Chine; car les palanquins y tiennent lieu de citadines, et on en voit de très-élégants et de richement décorés.

Mon ami ayant plus que moi, les moyens de se faire comprendre, était mieux à même d'organiser cette partie; il se chargea de traiter avec l'entrepreneur des voitures publiques de la localité. Le prix fut fixé à une piastre par tête ou par paire de jambes. Chacun de nous fut pourvu de son palanquin et de quatre porteurs. Le prix me paraissait un peu élevé et très-disproportionné avec le prix des places sur nos chemins de fer; mais le Chinois sait faire valoir sa marchandise et profite des occasions qui, pour lui, sont malheureusement trop rares.

Le jour convenu, nous montâmes en voiture avec nos petites provisions de voyage; car en Chine on ne trouve ni auberge ni restaurant sur son chemin; pas plus dans les villes que dans les villages. Les cuisines ambulantes sont la seule ressource.

Il avait gelé le matin, il faisait froid; une pluie mêlée de neige avait détrempé la terre lourde et marneuse. Nos malheureux porteurs avaient des caleçons de légère toile de coton qui leur descendaient à mi-jambes, et des camisoles de même étoffe. Leurs queues étaient tournées en chignons derrière leurs têtes ; ils avaient pour chaussures, des semelles de paille de riz tressée, attachées sous les pieds avec de grossières ficelles de peau de bambou.

Mon compagnon de voyage était d'une taille beaucoup au-dessus de la moyenne ; pour lui les porteurs n'étaient pas trop de quatre, un à chaque bout des perches. Il avait l'honneur d'ouvrir la marche; je le suivais de près. Mes porteurs étaient plus heureux ; grâce à ma taille et à l'embonpoint qui me faisait alors défaut, ils ne se mettaient que deux à l'œuvre et se remplaçaient. J'étais d'autant plus disposé à ne pas perdre de vue mon vieux ami que je voyais plier les perches de son véhicule, il me semblait même les entendre craquer; et je n'étais pas sans inquiétudes, surtout lorsque nous traversions des canaux profonds, à demi remplis d'eau fangeuse, sur des planches très-étroites, ou sur des bois à peine équarris et à peine assez larges pour un piéton.

Mais le Chinois est très-adroit, exempt de vertiges et solide sur jambes. La rareté des voitures et l'habitude de tout porter le rendent habile dans ce genre de métier. Du reste, ces canaux sont nombreux dans les campagnes ; il est rare de parcourir deux ou trois kilomètres sans en rencontrer. Ils prennent leur eau dans les fleuves et la transportent dans les champs pour les arroser.

Le froid nous fit descendre de nos véhicules pour marcher pendant une heure, au bout de laquelle nous fîmes halte pour laisser reposer nos hommes, en partageant avec eux notre déjeûner.

A midi nous arrivâmes à Vouzon et pûmes renvoyer nos Chinois, en leur faisant grâce de la 2e moitié de leur corvée ; car on nous offrit des places sur un petit bateau à vapeur, qui devait remonter le soir à Shang-haï.

Mon séjour dans cette dernière ville dura depuis le 5 décembre 1860 au 8 mars suivant. Pendant ce temps, j'ai cherché à enrichir mon recueil d'observations sur la vie et les mœurs des Chinois.

Mais bien que les fonctions de mon ministère me laissassent beaucoup de loisir, j'étais cependant arrêté par un obstacle insurmontable ; c'était l'impossibilité où j'étais, de comprendre les Chinois et de m'en faire comprendre. Quand on est réduit à remplacer la parole par des gestes, on est bientôt à bout de questions. Je ne connaissais point de Français parlant la langue du pays, et peu de Chinois possédant notre langue de manière à en tirer quelque profit. Le propriétaire de la maison que j'habitais comprenait bien un peu le français, mais ne le parlait qu'avec une grande difficulté.

Il y avait à la grande porte de l'est, un poste de Chinois et un poste de Français ; ces derniers n'étaient guère que spectateurs des opérations des premiers, dont la principale consigne était de ne point laisser entrer de rebelles dans la cité. Ils jouaient quelque peu le rôle de nos douaniers. Par fois l'intervention de la petite troupe française devenait nécessaire ; alors on avait recours à un interprête, et c'était André, mon propriétaire, qui en remplissait les fonctions.

Dès mon arrivée dans sa maison, il se montra pour moi, d'une bienveillance toute chrétienne, qui m'inspira pour lui, de l'intérêt et je dirai même de l'affection.

J'avais reçu comme je l'ai dit, mon billet de

logement, et j'avais dû me séparer des officiers du bataillon de chasseurs avec lesquels j'avais vécu pendant un mois sur la frégate le *Rhône*. J'étais allé prendre possession de mon domicile avec mon ordonnance, grenadier du 102e de ligne, originaire de Nîmes, et qui s'appelait André comme notre propriétaire.

J'ai déjà parlé dans ma précédente conférence de ce dernier, de la manière dont je fis sa connaissance, des prévenances qu'il eut pour moi. J'aurais été ingrat de ne pas concevoir pour lui, quelque peu d'amitié. C'était d'ailleurs un joli garçon, de taille moyenne; il avait une figure intéressante et parée de la fraîcheur de la jeunesse; des tresses de cheveux d'un beau noir lui descendaient jusque sur les talons; il était élégamment vêtu, tout en soie. Ses pantalons étaient liés au bas de la jambe avec des rubans rouges. Ses souliers étaient également d'étoffe de soie noire avec d'épaisses semelles blanches. Selon la coutume des élégants du pays, il portait les ongles un peu moins longs que des becs de bécasses. C'était, disait-on, un des jeunes lions de Shang-haï. Il avait un défaut, il était fréquemment sans argent; aussi cherchait-il souvent à emprunter; mais le soldat est un peu comme la fourmi, il ne prête pas volontiers, il préfère donner.

J'avais beaucoup de plaisir à m'entretenir avec André le Chinois, malgré la difficulté de nous entendre. Rencontrer un Chinois avec lequel on pût s'entretenir, était chose rare pour un Français. Il n'en était pas de même pour les Anglais, car un grand nombre de Chinois parlent librement leur langue. Les Anglais et les Américains sont nombreux à Shang-haï ; ils y sont établis depuis longtemps, leurs missionnaires y pullulent ; ils y ont plusieurs chapelles, fréquentées journellement par des Chinois des deux sexes.

Ces chapelles ont une forme rectangulaire et sont dépourvues de toute espèce d'ornement. Il y a des bancs à dossiers pour les auditeurs, devant l'orateur, une table sur laquelle est une bible ouverte.

Toutes les fois que je me trouvais dans le voisinage de ces édifices religieux, je me sentais pressé d'y entrer. J'y trouvais des assemblées généralement nombreuses; et les femmes chinoises qu'on rencontrait si rarement dans les rues et dans les magasins, y étaient en majorité. Les missionnaires étaient généralement Chinois; ils en portaient au moins le costume et en parlaient la langue. Ils faisaient des lectures de la bible et donnaient des explications.

Le christianisme est appelé à rendre d'immenses services à ce pays assujetti à un culte idolâtre, qui ne dit rien, ni à l'esprit ni au cœur, et n'agit même que faiblement sur les sens.

Aussi rencontre-t-on chez ce peuple une indifférence religieuse qui ressemble à la mort. De là encore la tolérance la plus absolue pour toutes les religions. Il n'y a point de jours de repos ni de fêtes spécialement consacrés aux exercices religieux, comme chez les Chrétiens et même chez les Mahométans.

Les Chinois n'ont qu'une seule fête, qui dure environ trois semaines. C'est celle du nouvel an ; et c'est beaucoup moins une fête religieuse qu'un temps de relâche dans les affaires.

Pendant ce temps, toutes les boutiques, tous les magasins sont fermés, les rues sont presque désertes et les pagodes même sont peu fréquentées. C'est l'époque de l'année où les lettrés se réunissent pour conférer entr'eux. Ces réunions ont lieu de nuit ; on serait tenté de croire que la lumière fait peur à ces hommes éclairés.

Les Chinois se donnent des repas, vivent en famille ou consacrent ce temps à différents genres de récréations. Ils ont un jeu de cartes qui ne ressemble en rien aux nôtres, mais qui ne les passionne pas moins. Dans aucun pays on ne met plus de luxe dans les cartes de visite. Le format est un grand in-8° ou in-4°. Il y en a de diverses couleurs. Les félicitations y sont artistement scellées avec un grand cachet.

Leur division du temps diffère sensiblement de la nôtre. Ils observent les mois lunaires ; qu'ils divisent en 1er, 2e, 3e et 4e lune, selon les phases dont ils comptent les jours.

L'année a douze mois. Une moitié de ces mois compte 29 jours et l'autre moitié 30, d'où il résulte que leurs années ont quelques jours de moins que les nôtres.

Comme ils n'ont point de jour de repos à sanctifier, il en résulte qu'ils n'ont point de culte en commun. Les Chinois des deux sexes se rendent isolément à la pagode, selon qu'ils en éprouvent le besoin, ou conformément à des prescriptions établies, et à des époques déterminées.

Leurs cérémonies consistent uniquement en gestes, en signes de la tête et des bras, en génuflexions ; ou bien ils se frappent le front sur les dalles et cela pendant un temps fixé, au bout duquel ils s'éloignent du sanctuaire.

L'esprit, le cœur et la parole n'y sont pour rien. Le saint devant lequel ils se prosternent, n'exige rien de plus.

Aux pagodes sont attachés des prêtres que l'on ne distingue des autres Chinois, que parce qu'ils ne jouissent ni de la faveur du coup de rasoir ni de la queue. Ce ne sont au reste que des espèces de marguilliers, qui résident dans les pagodes. Ils n'ont point la peine de sonner les cloches, attendu qu'il n'y en a point. Le tam-tam des crieurs de nuit qui font le tour des remparts, y supplée.

La mission de ces prêtres est de veiller à la conservation des saints et des madones qui ornent les pagodes, et à la propreté de celles-ci. Ils y fument et y prennent le thé. Ils font leur profit des longues chaînes, composées de morceaux de papier argenté, qu'y apportent les fidèles à titre d'offrandes. Ces morceaux de papier imitent parfaitement les piastres et en portent les empreintes; les prêtres s'en emparent, les vendent, pour les faire servir plusieurs fois aux mêmes offrandes. Les saints et les madones n'y voient que du feu. Il est aussi d'usage de déposer de ces morceaux de papier argenté sur les cercueils. Aussi forment-ils tout une branche de commerce et on voit des magasins qui sont remplis de cette fausse monnaie.

Trois cultes différents sont professés en Chine : 1° Celui de Confucius ou des lettrés. C'est la religion de l'Etat et celle des classes les plus élevées. Ce culte reconnaît un être suprême ; il a des temples . mais point de prêtres. L'empereur en est le chef et remplit les devoirs religieux au nom de tout le peuple. Ce culte ou plutôt cette religion recommande surtout la piété filiale, le respect pour la vieillesse et le culte des morts. Elle est en honneur dans toute la Chine , et dans chaque ville il y a un temple consacré à la gloire de Confucius où les mandarins , représentants de l'empereur, doivent à des époques déterminées , accomplir des devoirs religieux devant l'image du saint, mort 480 ans environ avant J-C. Ses descendants subsistent encore en Chine et jouissent de plusieurs privilèges. Confucius enseigna une philosophie toute pratique; il s'occupa surtout de faire revivre les règles de conduite et les usages des anciens. Il révisa dans ce but les *Kings* , livres sacrés des Chinois.

Confucius a écrit un grand nombre d'ouvrages sur différents sujets , sur la sagesse gouvernementale et en particulier sur la morale. On y rencontre des pensées qui étonnent dans des temps aussi reculés. La fraternité humaine et l'amour du prochain y sont expressément recommandés. Ces belles pensées, malheureusement ne sont pas le patrimoine du vulgaire, et sont peu pratiquées même par ceux qui les connaissent.

L'empereur dans sa capitale, a ses devoirs à remplir dans la pagode, comme les mandarins dans les villes; et toutes les années, le premier jour du printemps, qui tombe au commencement de février, il doit mettre la main à la charrue et tracer quelques sillons.

Chaque empereur a sa charrue, de sorte que dans l'enceinte où a lieu cette cérémonie, on trouve les charrues de tous les prédécesseurs de l'empereur régnant. Cet usage est un honneur rendu à l'agriculture.

Le 2e culte, celui de *Tao-tsé*, ou de la raison primitive, établi 600 ans avant notre ère par le philosophe *Lao-tsen*, a dégénéré en une sorte de polythéisme, dont les prêtres s'occupent de magie et d'astrologie.

Le 3e culte est celui de Bouddha. C'est le nom que l'on donne à la raison parfaite, à l'intelligence absolue. On entend aussi par là, les âmes parvenues à l'état de béatitude, qui se dégageant des liens de la matière, habitent le monde immatériel. Ce nom s'applique enfin aux diverses incarnations de la raison suprême, dont la principale est *Chakiamouni*, le dieu actuel du Bouddhisme.

Chakiamouni était un sage de l'Inde, né l'an 607 avant J.-C., mort en 542. Il était fils d'un ancien souverain du Bahar. Les bouddhistes le regardent comme la quatrième incarnation de Bouddha ou de la raison suprême. A 29 ans il alla visiter les lieux saints dans le désert; prêcha sa doctrine dans le Cachemire, et après avoir fait un grand nombre de disciples, il monta sur un arbre, y resta deux mois et demi en méditation et mourut.

Ses préceptes ont été recueillis par ses disciples dans le *Khaghiour* ou traduction des commandements.

Le Bouddhisme, une des religions les plus répandues dans le monde, est issu du Brahmanisme, ou peut-être est-il antérieur à cette religion même. Il paraît être né dans l'Inde mille ans environ avant notre ère; c'est de là qu'il se répandit parmi les hordes nombreuses de l'Asie centrale.

Introduit en Chine dans le 1er siècle de l'ère

chrétienne, il pénétra successivement dans la Corée, au Japon et dans le Thibet ; les Mongols enfin l'embrassèrent sous les premiers successeurs de Gengis-Khan et aujourd'hui il couvre la plus grande partie de l'Asie, où il compte plus de 200 millions de sectateurs.

Le Bouddhisme prétend que notre existence actuelle est imparfaite et sans réalité ; que le monde de la matière est une illusion de nos sens. Il enseigne la nécessité de dégager notre âme de ce monde périssable, pour lui donner entrée dans le monde immatériel et vrai, situé au-dessus de l'espace lumineux, dans une région éternelle, indestructible, et où réside Bouddha, l'intelligence suprême et la raison parfaite. C'est là qu'habitent les âmes déjà parvenues à l'état de Bouddhas, assistant à la création et à la destruction des mondes. Les plus parfaites d'entr'elles, les Bouddhas accomplis, peuvent s'incarner et descendre sur la terre, afin de dégager les âmes enchaînées dans le monde matériel, sur lequel elles ont un empire souverain. Chakyamouni, le 4e des Bouddhas déjà parus, est mort l'an 542 avant notre ère, et Maïtrega, le 5e Bouddha, doit paraître cinq mille ans après lui.

Après la mort d'un Bouddha incarné, sa représentation reste sur la terre jusqu'à la venue d'un autre Bouddha, et est animée par les incarnations successives des Bouddhisauvas ou Bouddhas moins parfaits. Ainsi les Bouddhistes adorent aujourd'hui Padmapani ou la représentation de Chakyamouni, qu'ils croient toujours visible dans la personne du Dalaï-Lama qui réside au Thibet, et est leur grand pontife.

A voir ce peuple chinois tel qu'il est aujourd'hui, on est obligé de reconnaître qu'il a fait peu de progrès dans la science dogmatique du Bouddhisme, ou tout au moins qu'il est très-indifférent à la connaissance des lois qui devraient le rapprocher du Bouddha parfait.

Loin de chercher à s'élever au-dessus de la matière, il en est tellement imbu, qu'on ne peut rien imaginer de plus matérialiste que ce peuple. La religion n'est chez lui qu'une affaire de forme, le fond n'est rien.

On ne saurait disconvenir toutefois qu'il n'y ait chez ce peuple des sentiments d'humanité. Le naturel des Chinois est doux et pacifique; néanmoins ils sont rusés, méfiants, usuriers et voleurs.

La pression du riche sur le pauvre n'est sans

doute pas étrangère aux vices qui caractérisent cette dernière classe.

Toute idée de bienfaisance ne leur est pourtant pas étrangère. Ils ne sont pas, comme on a été beaucoup trop disposé à le croire, dénués des sentiments doux et généreux que la nature place dans le cœur de l'homme. La Chine a comme dans les pays plus avancés en civilisation, des institutions de bienfaisance.

Il y a dans les grandes villes, comme en Europe, des crêches où les enfants nouveau-nés, qui y ont été déposés, sont confiés aux soins d'une nourrice. On donne dans ces établissements nourriture et protection aux enfants abandonnés, ou à ceux dont les parents sont sans ressources. Les fonds affectés à ces établissements viennent de plusieurs sources ; ils consistent en revenus d'argent placé, en dotations particulières, en loyers de maisons ou en fermages soit en argent soit en produits divers, en contributions levées sur la province. Des inspecteurs nommés par le gouvernement, sont chargés de prendre connaissance des affaires, pour empêcher la profusion et prévenir les abus.

Il y a certains de ces établissements qui dâtent de près de mille ans avant J.-C. Celui de Shang-haï fut fondée en 1710. On y lit cette inscription gravée sur la pierre en caractères chinois, avec la traduction française : *Etablissement pour la nourriture et l'entretien des enfants.* J'ai emprunté à un voyageur, qui, plus heureux que moi, avait visité cette intéressante maison, le récit suivant : Le premier objet, dit-il, qui attire votre attention en y entrant, est une sorte de boîte. Je la tirai, et vis qu'elle était proprement garnie de coton ; en la repoussant, j'entendis le tintement d'une clochette à l'intérieur. On m'expliqua que cette boîte était destinée à recevoir les enfants apportés de jour ou de nuit.

Afin que les préposés soient dûment avertis, la boîte, dès qu'on la repousse, touche un ressort qui tire une clochette, et le portier s'empresse de porter l'enfant au directeur du service, qui, de son côté, le remet immédiatement aux soins d'une nourrice.

Je me fais un devoir et un plaisir de transcrire ici un appel à la générosité publique, qui termine un des rapports de la commission chargée de veiller à l'institution de Shang-haï ; je l'emprunte encore à l'obligeance du même visiteur : « Nous supposons, disent les membres de cette commission, que, par amour du prochain et par pitié pour des créatures abandonnées, qui n'ont ni père ni mère, chaque personne bienfaisante du voisinage, contribue seulement pour un *cash* (environ le tiers d'un centime); cela suffirait pour soutenir pendant un jour tous les enfants trouvés de l'établissement. Il serait bon qu'on ne considérât pas une aumône comme inutile, parce qu'elle est minime. Qui sait si elle ne servira pas à donner un exemple qui trouvera des imitateurs? La chaleur fécondante de vos lèvres peut nourrir une plante bienfaisante dans le champ du bonheur, ou faire prospérer le bouton déjà éclos. En saisissant sans retard l'occasion qui vient s'offrir, de répondre à notre vœu, vous encouragerez puissamment les vues utiles de l'institution, et nous vous en rendrons des actions de grâces. Adresse respectueuse au public par le comité de l'hospice des enfants trouvés de Shanghaï. »

Il y a en Chine des maisons de retraite pour les pauvres veuves qui ont perdu leurs moyens d'existence; des asiles de prévoyance et de secours, destinés à secourir les infirmes et les impotents, les aveugles et les vieillards.

J'ai passé plusieurs fois devant une maison où

l'on faisait des distributions de riz cuit. Il y avait une immense cour littéralement remplie de pauvres, qui attendaient patiemment que leur tour vint de recevoir la maigre portion qui était destinée à chacun.

Shang-haï est encore doté d'une société de sauvetage pour les noyés. Elle a pour mission, lorsqu'une personne tombe dans la rivière, de tenir des bateaux prêts à la secourir, et d'employer tous les moyens capables de la rappeler à la vie, si on parvient à la retirer. L'un des moyens employés consiste à étendre le patient sur le dos et à lui renverser une énorme chaudière pleine d'eau sur l'abdomen. Cette opération doit avoir pour résultat, de faire sortir par le nez, l'eau qui a asphyxié l'individu. J'avoue que je ne comprends pas quel est le mécanisme qui doit produire ce résultat.

Un autre moyen recommandé par les prospectus, est de pendre le patient par les pieds aux épaules d'un autre homme. Ce procédé doit faire sortir l'eau par la bouche et rétablir la circulation, — quand il ne hâte pas l'asphyxie.

Toutes ces institutions sont fort louables et font honneur aux âmes généreuses et dévouées, qui, sous le patronage et avec l'appui du gouvernement, contribuent à leur entretien ; mais elles sont impuissantes à combler tous les vides que creuse la misère. Le nombre des pauvres est si considérable, que si grandes que soient les ressources, elles sont bien insuffisantes pour soulager tant d'infortunés. De nombreux mendiants parcourent les rues, s'arrêtent devant chaque magasin où ils chantent leurs misères, sur des tons qui flattent aussi peu l'oreille que l'instrument dont ils s'accompagnent. D'autres sont accroupis aux portes des villes, sur les passages les plus fréquentés, attendant avec force plaintes et gémissements, l'obole des passants.

L'instruction est très-répandue en Chine ; les écoles y sont nombreuses et gratuites pour les pauvres. Ils y a peu de Chinois qui ne sachent lire et écrire leur langue. Pour écrire ils se servent de crayons et tracent leurs signes les uns au-dessous des autres, en parcourant la page de haut en bas.

Après que la paix eut été conclue par le traité de Pékin, la gazette publiée dans cette grande capitale se répandit dans les villages comme dans les villes. On voyait des groupes nombreux d'hommes de toutes les classes, se presser pour en lire le contenu. Cette gazette de Pékin est une feuille volante, à l'instar du moniteur des communes, affichée à des distances très-rapprochées, dans les endroits les plus fréquentés.

Les Chinois ont une manière de calculer qui leur est tout-à-fait particulière. Ils se servent d'un petit tableau avec trois lignes de boules mobiles, tout-à-fait semblable à celui qui est en usage dans nos salles-d'asile, sauf que ce dernier ne sert qu'à apprendre à compter, tandis que les Chinois s'en servent pour résoudre avec une grande habileté, les quatre opérations de l'arithmétique. Leurs doigts manœuvrent sur ce tableau comme sur les touches d'un piano. Je n'y ai rien compris.

Les lettrés, qui sont au nombre de cinq cent mille, dit-on, forment avec les officiers militaires, la noblesse de l'Etat. Ils ne reçoivent ce titre de lettré qu'après un examen qui leur donne le droit de prétendre aux emplois publics et au titre de mandarin.

Ces examens durent plusieurs jours. Le nombre des aspirants se compte souvent par milliers, tandis que celui des élus est parfois très-restreint. Ces examens ont lieu dans un vaste local, arrangé en forme de cloître, avec une infinité de cellules. Les candidats y subissent trois emprisonnements de trois jours chacun, pour y préparer leurs essais et leurs thèses, sans le secours d'aucun livre et encore moins d'un ami.

La cour universitaire qui préside à ce grand concours est composée de quatre commissaires impériaux, et de dix-huit examinateurs. Ces derniers apprécient en première instance des milliers de thèses, d'odes et de réponses à des questions sur des sujets de morale, de philosophie et d'histoire de la Chine, choïsis à l'avance par un grand dignitaire, qui, pour éviter toute indiscrétion, prépare habituellement son travail dans le palais impérial.

Les lois de la Chine sont tellement sévères à cet égard, que le haut fonctionnaire, qui, pour donner à un jeuue homme de bonne famille ce grade si recherché de *tsin-ché*, substituerait une thèse à une autre, courrait risque de payer de sa tête, une pareille tromperie.

La loi punit également de la peine de mort tout individu qui se serait fait admettre à cet honneur littéraire, après avoir exercé le métier de tailleur, barbier, acteur, porte-faix, pédicure, ou dont le père aurait exercé quelqu'un de ces états réputés déshonorants.

Le mariage en Chine a quelqu'analogie avec cette

institution chez les Mahométans et chez les anciens patriarches. Un homme peut avoir plusieurs femmes, mais une seule est légitime. Elles vivent sous le même toit, chacune dans son appartement, sans avoir de fréquentation entr'elles. Les enfants sont élevés ensemble, jouent et grandissent en commun, sans avoir connaissance de leur état; mais tôt ou tard, la vérité finit par luire à leurs yeux et rend la position des pères fort embarrassante. La difficulté d'entretenir plusieurs femmes avec peu de ressources, fait que la polygamie est beaucoup plus rare chez les pauvres que chez les riches. Si un homme riche n'a point d'héritier de sa première femme, il en prend une seconde et puis une troisième.

Quand un jeune homme veut se marier, il en fait part à sa famille; parfois aussi, c'est la famille, qui, après avoir tout préparé, fait la proposition au jeune homme.

Il arrive souvent que les futurs se voient pour la première fois le jour des noces. Lorsque la proposition est faite et acceptée, le père du futur va conférer avec les parents de la future, et dès qu'on est d'accord, il dépose entre leurs mains une somme d'argent à titre de dot. Mais si les préliminaires viennent à échouer, et que le mariage projeté ne puisse se faire, la dot devient la propriété du père de la jeune fille.

Les sommes ainsi déposées sont en proportion avec la position respective des familles. Lorsque le mariage est définitivement arrêté, les parents et les amis du futur vont chercher la future et la conduisent dans la maison des parents de son fiancé où la noce est préparée. On lit aux époux une espèce de contrat de mariage, qui est l'acte principal de la cérémonie. L'acte religieux a d'autant moins d'importance, qu'il n'y a que les deux époux qui y prennent part; il a ordinaisement lieu plusieurs jours après la fête nuptiale, et consiste comme tous les exercices religieux, en gesticulations, de la tête et des bras et en génuflexions faites devant l'image du saint et fréquemment renouvelées, pendant un temps déterminé.

A la noce, les inviéts se partagent en deux sections. Une salle de festin est destinée aux femmes et présidée par la nouvelle mariée; une seconde salle est réservée aux hommes. La place d'honneur et la présidence appartiennent de droit au nouvel époux.

C'est le lendemain ou surlendemain de la noce

que la mère de l'époux introduit sa bru dans le domicile conjugal, où le nouveau-marié ne tarde pas à la rejoindre, mais seulement quand elle a reçu les intructions de sa belle-mère.

Les enterrements ou inhumations, se font le plus souvent sans pompe et sans cérémonie. Ici, ces expressions n'ont pas tout-à-fait la même signification que chez les chrétiens, attendu que les Chinois ne creusent jamais de fosses pour y déposer les corps des morts. L'usage d'embaumer existe bien enChine, mais c'est un privilège réservé aux riches, qui ont assez communément dans leurs maisons, des pièces réservées où ils entassent les uns sur les autres, les cercueils des défunts de la famille.

Les cercueils sont le plus souvent laissés pendant un an en plein air, déposés sur une base en briques, élevée de quelques décimètres, dans une pièce de terre appartenant à la famille du mort. Au bout de ce temps, ils sont recouverts de nattes et quelquefois enfermés dans une case en briques et plus tard couverts de terre.

C'est ainsi que dans le voisinage des villes et des villages, les campagnes sont remplies de ces tumulus qui en fond des cimetières.

En approchant de Pétang, mais à une distance où l'œil ne pouvait encore distinguer nettement les objets, j'aperçus un grand nombre de ces tumulus; je crus d'abord qu'on était dans la saison des foins, car je les pris pour de petites meules ainsi disposées pour faciliter la fermentation.

Dans le voisinage de Tien-tsin, s'étend une campagne très-vaste, que je traversais presque tous les jours, pour me rendre du fort, où j'avais ma tente, à l'ambulance générale, où m'appelaient les fonctions de mon ministère. Cette campagne est couverte de petits tumulus. Les pluies, avec le temps, détrempent la couche de terre peu épaisse qui recouvre les cercueils. Souvent même il n'y a sur ces malheureuses dépouilles, que des nattes que les vents font disparaître. Les planches arrivées à l'état de pourriture, tombent par morceaux et permettent aux chiens errants et affamés, de s'introduire dans ces vieux sanctuaires pour dévorer les os qui ont résisté à la décomposition.

Il y a loin de cet état de choses au culte religieux que les Chinois vouent aux morts; mais en ceci, comme en toute autre chose, il ne faut pas confondre le sort des riches avec celui des pauvres.

D'année en année, les parents des défunts vont

brûler autour des cercueils, des paquets de petits papiers en forme de nacelles et renfermant de la poudre. Cette même cérémonie a lieu dans les villes, devant le domicile des défunts. Il en résulte une succession rapide de petites détonnations, qui dure quelques secondes.

En Chine, les cercueils sont des meubles de luxe; ils sont faits en planches de six à huit centimètres d'épaisseur, sculptés avec beaucoup de soin et dorés. On voit dans les grandes villes des magasins d'ébénisterie qui en sont remplis. Les riches vont y faire leur choix, et tiennent ces précieux meubles en réserve pour le moment où ils en auront besoin.

Il n'y a en Chine que deux contributions, la foncière et l'octroi. Ce dernier impôt est considérable, principalement dans les villes du littoral. La contribution foncière est aussi très-productive. Elle se paie en nature, d'une partie de la récolte que l'on a faite sur ta terre. Le coton, la soie et le thé produisent ainsi de grands revenus à l'Etat.

Les terres ont subi, il y a déjà longtemps, une opération semblable à celle du cadastre.

Le sol de la Chine est d'une fertilité extraordinaire, il produit en abondance toutes les plantes tropicales, mais principalement le thé, le riz, le coton, la canne à sucre, le poivre, le tabac, et dans les contrées plus rapprochées de la Tartarie, le maïs, le blé et d'autres céréales. L'agriculure y est en honneur; elle reçoit du gouvernement de grands encouragements.

La Chine possède de riches mines d'or, d'argent, de cuivre, de fer, de plomb, de mercure, de houille et de sel; des carrières d'ardoise. de marbre, de cristal et de jaspe.

Bien que les Chinois aient connu longtemps avant les Européens la boussole, l'imprimerie, la poudre à canon, leurs habitudes routinières les ont empêchés de perfectionner ces inventions et d'en tirer grand parti. Les sciences en général sont fort arriérées; il n'y a que les mathématiques, l'astronomie et l'histoire naturelle qui y ont fait quelques progrès.

Les Chinois excellent dans certains genres d'industrie, par ex. dans la fabrication de la porcelaine, des vernis, des papiers de soie, des tentures, de 'en cre de Chine, des soieries et des nankins.

Ils exécutent avec une perfection inimitable des ouvrages de laque, d'ivoire et de bambou, et en particulier les fleurs artificielles.

La plante qui produit le thé, est un arbuste qui ne dépasse guère un mètre de hauteur. La feuille que l'on récolte, ressemble beaucoup à celle du saule pleureur, mais elle est plus petite, grande à peu près comme celle de l'hysope. C'est en séchant qu'elle se roule et prend la forme que nous lui connaissons. Les différentes manières de la sécher sur de la toile, lui font prendre des couleurs variées.

En terminant ici mes observations sur la Chine, je ne puis que plaindre cette nation, et la considérer comme un peuple de malheureux esclaves, abrutis par une pression cruelle, par des traitements souvent inhumains, qui ne laissent de cours ni à l'initiative, ni à l'émulation, ni au progrès.

La main d'œuvre peu rétribuée et l'usure accablent tellement le pauvre qu'il ne lui est pas possible de sortir de la sphère qui lui est tracée.

La dernière expédition des Anglais et des Français, qui a ouvert aux Européens, les portes de ce pays cloîtré, ne peut manquer de porter un jour des fruits bénis pour les vaincus, plus encore que pour les vainqueurs.

RETOUR EN FRANCE.

J'avais suivi jusqu'à Shang-haï les mouvements de la 1re brigade du corps expéditionnaire, parti de France sous les ordres du général Jamin. Réduite à un très-petit nombre d'hommes, elle avait perdu encore une partie de son contingent que l'on avait envoyé en Cochinchine. Dans ces circonstances, la compagnie des pontonniers, des officiers et des soldats de toutes armes et plus de cent malades qui étaient à l'hôpital de Shang-haï, et qu'on jugea en état de supporter la mer, reçurent l'ordre de rentrer en France. Je fus autorisé à jouir du même bénéfice. Le 8 mars, vers dix heures du matin, je pris place sur un bateau à vapeur qui descendait à Vouzon où la *Dryade*, frégate de 60 canons, armée en transport, attendait son chargement.

Dans la matinée du 9, ce navire leva ses ancres et gagna la pleine mer. Le 13, la *Dryade* jeta l'ancre dans le port de Hong-kong, où elle dût s'arrêter plusieurs jours pour y prendre des malades, amenés de Macao, où l'administration des ambulances avait établi un dépôt.

Hong-kong, Macao et Canton, forment les trois sommets d'un triangle à peu près équilatéral. La difficulté des correspondances m'empêcha de les visiter, bien qu'il ne faille que six heures à un bateau à vapeur, pour passer de l'une à l'autre.

Hong-kong est dans une île de la baie de Canton. Dès 1842, cette ville fut occupée par les Anglais.

Elle est située au pied d'une montagne très-élevée et presque nue, comme toutes celles qui entourent sa rade, rade excellente, et tellement abritée, qu'il y règne le calme le plus parfait; à ce choix, on reconnaît le tact des Anglais, et la part qu'ils savent se faire. La mer dans cette contrée est parsemée d'îles et de golfes.

La ville de Hong-kong, quoique chinoise, est bien bâtie. Les rues sont régulières, larges et bordées de trottoirs. Les Chinois y ont une tournure qui dénote le contact des Européens. Les femmes généralement n'y sont plus soumises à la mutilation des pieds; la vue des barbares leur inspire moins de crainte. Mais là comme ailleurs, tout est commerce; chaque maison a son magasin. La partie plus spécialement habitée par les Anglais, est très-belle, et offre un grand contraste avec la partie chinoise, qui pourtant est mieux que partout ailleurs. On voit dans la partie de la ville habitée par les Anglais, des constructions tout-à-fait européennes, élégantes, échelonnées sur la montagne les unes au-dessus des autres, et séparées par des jardins de fleurs, des parterres et des bosquets. Des routes immenses bien entretenues permettent aux voitures de circuler sur les pentes comme en plaine.

J'ai ouï dire qu'on avait amené d'Angleterre, des vaisseaux chargés de terre pour fertiliser cette côte rocailleuse; bien qu'en Chine et dans les Indes, il y ait des terres excellentes. Cela prouve qu'on peut être cosmopolite sans rien perdre de son attachement pour la mère patrie. Le 19 mars, la *Dryade* ayant reçu son nouveau chargement de malades, et renouvelé ses provisions de voyage, quitta la rade de Hong-kong.

Le 24, elle jeta de nouveau l'ancre devant la petite localité de Saïgon. Elle avait encore là des malades à rapatrier.

La première expédition de Cochinchine venait d'avoir lieu. Le petit corps d'armée composé d'environ trois mille hommes, était rentré dans ses cantonnements, sous ses tentes. La plupart des troupes stationnées à Saïgon, avaient fait partie de l'expédition de Chine.

J'y retrouvai le 2e bataillon de chasseurs où je comptais bon nombre d'amis ; et dans la rade, le *Japon* sur lequel j'avais fait la traversée de Toulon en Chine. J'y fus accueilli à bras ouverts, comme au sein d'une famille. On me prépara un lit dans mon ancienne cabine ; mais depuis mon départ, il y était survenu des hôtes qui ne permettaient plus le même repos.

Je n'en fus pas moins très-heureux de passer ce temps de relâche avec des compagnons de voyage qui avaient mérité toute mon affection.

La contrée qui environne le port de Saïgon est très-malsaine. Les terres ne s'élèvont guère au-dessus du niveau des eaux, et il y fait une chaleur étouffante. De là des fiévres qui y font des ravages considérables. Le choléra y est en permanence, et la mortalité y est grande. En s'avançant dans les terres, on trouve un climat plus salubre mais toujours meurtrier pour les Européens.

Quatre jours après notre arrivée à Saïgon, c'est-à-dire le 28 mars, la *Dryade* quitta ce port pour redescendre le golfe de St-Jacques. Ce golfe est très-étroit, mais assez profond pour permettre à des vaisseaux de haut bord d'y circuler. L'entrée seule est difficile et dangereuse. C'est dans son voisinage que s'était perdu le *Weser*, quelques semaines avant mon départ de Shang-haï.

Le 1er avril, notre navire portant 750 passagers, tant hommes en santé que malades, arriva à Syngapoore. Cette grande ville se trouve snr la route, et j'y avais déjà séjourné en allant en Chine. Je profitai de notre courte relâche pour faire visite à la supérieure d'une école de jeunes Chinoises et Indiennes, établie par la société des Jésuites, afin de prendre ses commissions pour sa famille, qui habite dans le Haut-Rhin.

Après avoir pris du charbon et renouvelé ses provisions, la *Dryade* reprit la mer le 5 avril et arriva le 17 à Pointe de Galle, dans l'île de Ceylan, naviguant toujours par un calme parfait.

A peine l'ancre fut-elle jetée, qu'un sommelier aborda notre navire et offrit aux officiers, les services de son maître d'hôtel, bon cuisinier, disait-il, et parlant bien la langue française, quoique originaire de la Prusse. Plusieurs passagers se laissèrent séduire, et je fus du nombre. Les autres officiers furent plus heureux dans leur choix. On se rendit chez ce fameux maître d'hôtel. Un changement de table est quelquefois, si non avantageux, du moins agréable , surtout dans un semblable voyage. Cette nouveauté plaît comme toutes les autres.

La préparation du dîner fut longue ; on servit enfin une omelette passable ; puis des quartiers de patates, tendres comme des morceaux de semelle ; quelques tranches de jambon qui ne valaient pas mieux que les poulets de Chine rôtis à l'huile de ricin. Il n'y avait rien dans le dessert qui pût flatter ni la vue ni le goût. Le vin seul était bon, mais en minime quantité. En sortant nous n'avions guère moins d'appétit qu'en nous mettant à table ; on réclama la note qui montait à trois piastres par tête, c'est-à-dire à fr. 16, 50 de notre monnaie et point de café. Il ne nous restait qu'un parti à prendre, de nous exécuter, en jurant, mais un peu tard, que le Prussien ne nous reprendrait plus. La ville de Pointe de Galle n'est pas grande ; elle est protégée par un fort construit sur un rocher au pied duquel elle est bâtie ; le port est beau, et le commerce y est très-actif.

Ceylan est une grande île de l'Inde Anglaise, qui compte environ deux millions d'habitants. Des montagnes bien boisées la divisent en deux parties, qui diffèrent de climat et de saison. Le point culminant des montagnes est le Hamalel ou pic d'Adam, qui a deux mille mètres d'élévation. On a prétendu que cette île avait servi de séjour à nos premiers parents.

Le sol est d'une admirable fertilité. C'est en sortant du port de Pointe de Galle que le baron Gros fit naufrage, en se rendant en Chine avec le personnel de l'ambassade. Nous vîmes encore à notre passage le bâtiment échoué sur un banc de sable au bord de la mer.

Le 21 avril à deux heures après-midi la *Dryade* reprit la mer et arriva à Aden le 3 mai.

Aden capitale d'un petit Etat de l'Arabie heureuse, n'est qu'une petite ville de mille habitants environ, mais importante par sa position sur le golfe qui porte son nom et qui n'est que le prolongement de la mer rouge. Cette circonstance donne à son port une grande activité. Les Anglais y ont formé un établissement en 1839. Ils occupent une espèce de château fort, isolé dans la mer, à quelques cents mètres de la terre. Les Français occupent un fort du même genre, mais un peu plus éloigné de la terre. Le port d'Aden est à près d'une lieue de la ville. Je fus curieux d'y accompagner deux de mes compagnons de voyage, M. Delarose, capitaine d'artillerie et un officier des chasseurs d'Afrique. La distance et la chaleur nous engagèrent à prendre des montures. Il y en avait à la disposition des voyageurs, dans une espèce de ferme à proximité du port.

La route est belle et bien entretenue ; les Anglais ont percé une petite montagne qui s'élève entre le port et la ville ; le tunel qui les relie a à peine 50 mètres. Cette petite ville est assez bien bâtie; les maisons y sont basses, avec des arcades dans toute la longueur des rues qui sont très-larges. On y respire un air de plantes aromatiques, qui a quelque chose de repoussant.

Nous avions pour montures de petits chevaux arabes très-vigoureux. Au retour de notre promenade, et dès que nous eûmes franchi le tunel, nos chevaux qui n'avaient plus qu'une distance de deux kilomètres à parcourir pour rentrer chez eux, commencèrent à s'animer plus que cela n'était agréable pour un médiocre cavalier. Le mien sans doute, plus impatient ou plus mal monté que ceux de mes compagnons, voyant de loin le but de sa course, prit le mors aux dents, et partit comme un éclair, sans qu'il me fut possible de le retenir. Mes compagnons avaient beau me crier de ralentir, il fallut me résigner à suivre le mouvement, à mes risques et périls, n'osant pas même me retourner, et me cramponnant de mon mieux sur cette maudite bête. J'arrivai heureusement, mais sans avoir envie de recommencer.

La partie de l'Arabie qui avoisine la mer est très-fertile. Au port d'Aden, nous étions très-rapprochés de Moka. Les Arabes de cette localité ont soin d'y venir, munis de balles de café et de caisses de dattes, pour attendre les navires qui viennent y stationner. Les passagers de la *Dryade* furent pour eux de bons clients.

Le 5 mai à quatre heures de l'après-midi, notre navire se remit en mouvement. Il s'agissait de passer avant la nuit le détroit de Bab-el-Mandeb, qui joint la mer rouge à la mer des Indes. Ce passage est très-étroit et présente quelques difficultés. Notre commandant avait eu soin de prendre un pilote. La mer rouge est remplie d'écueils et la navigation y est dangereuse dans certains moments de l'année. Notre pilote était un Arabe gros et gras, vêtu d'une longue chemise de grosse toile d'emballage avec des semelles artistement attachées à ses pieds, selon la mode du pays. Il n'avait pas l'air de se soucier beaucoup des dangers. La plupart du temps il était couché sur le pont et y passait toutes les nuits.

Quand il le jugeait à propos, il accostait l'officier de quart, pour lui communiquer ses renseignements, et lui indiquer du geste la direction à suivre. La langue française lui était tout-à-fait inconnue, mais il parlait l'anglais avec facilité. Il y avait à bord un officier de la marine française qui parlait également bien cette langue. Je le priai de vouloir bien, à l'occasion, être mon interprête.

Le passage de la mer rouge par les Hébreux, m'intriguait; je désirais connaître approximativement l'endroit où il doit s'être effectué. Mais le gros pilote ne parut pas se soucier de l'objet de ma curiosité. Je n'en accusai que son ignorance, et me contentai de recourir à la carte.

J'aurais été heureux de pouvoir porter mes regards sur les monts Sinaï et Horeb, et j'eus recours pour cela, à l'obligeance d'un officier de marine qui paraissait bien connaître cette contrée. Les renseignements qu'il me donna, me convainquirent qu'il m'était impossible de rien voir de ce qui faisait l'objet de mes désirs.

Avant d'arriver à Suez, la mer rouge se divise

en deux golfes : celui de Suez à l'ouest et celui de Akaba à l'est. Comme nous remontions celui de Suez, le golfe d'Akaba échappa à ma vue; or c'est sur la rive droite de ce dernier golfe et même à une distance assez considérable, que sont situés les monts Sinaï et Horeb.

En remontant la mer rouge, nous avions à notre gauche une longue chaîne de montagnes élevées, rocheuses et arides, qui bordent l'Abyssinie, puis la Nubie ; sur notre droite s'étendait l'Arabie.

Le 9 mai, nous nous trouvions en face de la Mecque. Le pilote plus complaisant que de coutume, nous en indiqua la position.

Nous n'en étions pas très-éloignés, mais assez pour ne rien voir. La population de la Mecque est aujourd'hui de 40 à 50 mille âmes. Les rues y sont belles et régulières. et il y a dit-on, de jolies maisons. La ville est protégée par trois citadelles. Dans la célèbre mosquée dite Beith-Allah (la maison de Dieu), se voit la Kaaba (le carré), maison de dix mètres environ, en tous sens, qui, d'après la tradition musulmane, fut construite miraculeusement par Adam ou Abraham, ou même par les anges.

La Mecque est le berceau des traditions musulmanes. Mahomet y nâquit, et tout fidèle Musulman doit y faire un pélérinage une fois dans sa vie.

Cette obligation y attirait jadis des milliers de pélerins. Le nombre en a beaucoup diminué. Cette affluence enrichissait les habitants. La Mecque forme avec Médine, où se trouve le tombeau de Mahomet, les deux *villes saintes*, dont la garde est confiée au grand Seigneur.

Le 14 mai dans la matinée, la *Dryade* jeta l'ancre devant Suez.

Nous voici arrivés à l'extrémité de cette mer qu'on appelle rouge, sans savoir pourquoi. Des historiens disent qu'elle tire son nom de la couleur de ses eaux. Apparemment ils ne l'ont jamais vue. Pendant huit jours de navigation sur cette mer que nous vîmes dans toute sa longueur, je n'ai rien remarqué qui puisse justifier cette allégation. La couleur de ses eaux est la même que celle de la Méditerranée et de l'Océan, et elle varie uniquement en raison de la profondeur. Plus celle-ci augmente, plus la couleur s'approche du bleu. Il en est autrement de la mer jaune qui doit son nom au Fleuve-jaune, dont elle reçoit les eaux assez abondantes pour la colorer à plusieurs milles en mer.

La Mer-Rouge a rendu des services importants au commerce, notamment sous les Pharaons d'abord, puis sous les Ptolémées et les Romains ; à l'avenir elle en rendra de plus grands encore, quand le canal de Suez à la Méditerranée sera livré à la navigation.

Je n'ai vu dans le voisinage de Suez que des jalons, indiquant l'endroit où ce canal fera sa jonction avec la mer. C'est un travail gigantesque, que l'avenir admirera.

Suez, située à l'orient de l'Egypte, a une population d'environ 12 mille âmes. Le port ensablé est d'un abordage difficile. Cette ville offre un aspect désolé. Le passage des pélerins de la Mecque lui donne un peu de vie. C'est un des entrepôts entre le Caire d'une part, la Syrie et l'Inde de l'autre ; des bateaux à vapeur anglais et français, font un service régulier de cette ville à Bombay, à Calcutta et en Chine. Suez fut occupée par les français de 1798 à 1800. Vers l'an 600 avant J-C. Néchao, roi d'Egypte, célèbre par ses guerres avec Josias, roi des Juifs et avec Nabuchodonozor, roi de Babylone, entreprit de creuser un canal de 150 kilomètres de long, allant du Nil à Suez ; afin d'alimenter d'eau douce cette ville qui n'en a que de très-mauvaise, comme tous les déserts de l'Arabie et de l'Afrique.

Ce canal ne fut terminé qu'après la conquête de l'Egypte par Darius, fils d'Histaspe, puis abandonné. Il fut rétabli par Ptolémée Philadelphe, négligé sous les derniers empereurs romains, et creusé de nouveau sous les Arabes, par les ordres d'Omar, cousin de Mahomet. Il fut comblé par Al-Mansour en 767.

Aujourd'hui un nouveau canal conduit l'eau du Nil à Suez; un autre canal joindra bientôt la mer rouge à la Méditerranée, et un chemin de fer relie déjà Suez à Alexandrie, en passant par le Caire.

Après avoir pris soin de nos bagages et en avoir confié la surveillance à quelques amis, M. Ploton, capitaine de pontonniers et moi, demandâmes au commandant de la *Dryade*, l'autorisation de devancer le départ du convoi pour Alexandrie.

Le 15 mai vers midi, nous montions en chemin de fer et allions coucher au Caire, à l'hôtel des voyageurs.

Le parcours de Suez au Caire n'offre rien d'intéressant. On ne voit que des sables blancs, dans lesquels on enfonce, comme dans de la neige, jusqu'à mi-jambe.

De temps en temps des tourbillons les enlèvent comme de la poussière, et alors on est obligé de se bien calfeutrer dans les vagons. Dans ce parcours de plus de 30 lieues, je ne vis pas un brin d'herbe, pas un arbre; un seul arbrisseau rabougri dépassait les sables de trente centimètres.

Des chameaux en caravane, chargés de marchandises, traversent ce désert avec une adresse admirable. Bien que leur passage ne laisse aucune trace, ils ne s'écartent point de la ligne qu'ils ont l'habitude de suivre, et le cornac peut dormir en toute sécurité, sans crainte de s'égarer.

Malgré l'établissement du chemin de fer de Suez à Alexandrie, on fait encore un grand usage des chameaux comme moyen de transport. Il est curieux de voir ces animaux dans le port d'Alexandrie, affaissés sur leurs jambes; ils dressent une tête qui porte le cachet de la bonté et de la douceur; attendent patiemment qu'on roule sur leurs dos les ballots de marchandises; et dès que le signal du départ est donné, ils se dressent sur leurs jambes et se mettent nonchalamment en marche.

Nous fûmes heureux de trouver au Caire, un hôtel bien tenu, une table bien servie et de bons lits. Le maître d'hôtel était un Parisien, récemment établi en Egypte.

Depuis notre départ de France, nous n'avions pas bu une goutte de bonne eau. Aussi trouvions-nous celle du Nil délicieuse, et elle l'est en effet. Des porteurs d'eau vont la puiser dans le fleuve et la transportent dans des peaux de boucs, de maison en maison.

Notre premier soin avant de prendre possession de nos dortoirs, fut de prier le maître-d'hôtel, de nous procurer un guide et des montures pour nous accompagner aux pyramides, qui sont éloignées du Caire, d'environ trois lieues.

Le lendemain de bonne heure, notre drogman arriva avec trois ânes bien sellés. On lui confia la garde des provisions pour le déjeûner.

A peine avions-nous enjambé nos bêtes, que la mienne partit comme un éclair. Comme au retour d'Aden, ma volonté dût céder à celle de ma bête. Mon compagnon de voyage avait beau crier de l'attendre, il fallut bon gré mal gré, poursuivre cette course rapide, sans trop savoir où j'allais. Mais mon âne s'y connaissait. Il me conduisit au bord du Nil où nous devions passer ce fleuve sur un bac, à un kilomètre environ au-dessus d'un palais que le Pachá a fait construire dans une île du fleuve.

Après le passage du Nil, mon âne fut plus docile : nous pûmes voyager paisiblement, côte à côte, et nous communiquer nos observations.

Nous avions sur notre gauche le désert avec ses sables, sur notre droite une vaste plaine fertile et couverte de diverses céréales, et devant nous les pyramides, bâties sur le penchant de cette longue chaîne de montagnes qui séparent l'Abyssinie et la Nubie, de la Mer rouge. Leurs fondations reposent sur une élévation rocheuse d'environ 40 à 50 mètres au-dessus de la plaine. Il y a là trois pyramides de différentes hauteurs. Le sommet de la plus grande ne dépasse guère aujourd'hui celui de la seconde, par suite de la démolition de sa pointe.

Les Anglais sont avides de ces pierres antiques. Ils en ont de temps en temps fait tomber quelques morceaux, qui, transportés à bord des navires, ont été conduits en Angleterre comme de précieuses reliques. Une surveillance plus active rend aujourd'hui cette manœuvre plus difficile.

En portant regards le long de la montagne dans la direction du Sud, nous apercevions à une distance d'environ 30 kilomètres, six autres pyramides moins élevées; à quelques mètres au sud de la grande pyramide, le sphinx, à moitié perdu dans les sables. Au pied de l'élévation sur laquelle reposent les pyramides, se trouvent les catacombes qui recélaient autrefois des momies. Il ne reste plus que des ouvertures cintrées, très-rapprochées les unes des autres, qui en font intérieurement une longue arcade.

Au nord et à l'est, on a la vue sur une plaine vaste et fertile, où le général Bonaparte gagna en 1798, la bataille des pyramides.

Chéops, ancien roi d'Egypte qui règnait à Memphis, fit élever la grande pyramide. Il accabla son peuple d'impôts et de corvées, afin d'exécuter ce travail gigantesque. Quelques historiens la croient antérieure à Abraham. Elle a 233 mètres de large à la base et 150 mètres de hauteur.

Chephrem, frère et successeur de Chéops régna 66 ans, au dire d'Hérodote, il construisit la seconde pyramide qui a 215 mètres de large à la base et 133 mètres de haut.

Mycérinus, fils de Chéops, construisit la 3e, à laquelle il donna son nom, et où, dit-on, a été trouvée sa momie en 1837. Elle a 107 mètres de large à la base et 54 mètres de haut.

On fait régner ce prince dix générations avant la guerre de Troie, dont l'époque remonte à 1270 ans avant J-C.

Les pierres de granit qui entrent dans la construction de ces gigantesques édifices ne sont qu'ébauchées et dressées. Ces blocs pesants, d'environ 60 à 80 centimètres d'épaisseur, forment des assises avec un retrait de 20 à 25 centimètres.

Il n'y a pas d'autre escalier pour faire l'ascension extérieure. A une très-petite distance des pyramides, il existe un village dont les habitants ont pour mission d'escorter les voyageurs qui vont visiter ces antiques monuments. Ils ont un chef, qui les dirige et les surveille. Ils reçoivent un traitement du gouvernement égyptien. Dès qu'ils aperçoivent des voyageurs qui se dirigent du côté des pyramides, un certain nombre d'entr'eux y accourt.

En vertu de leur organisation, ils n'ont droit à aucun salaire; mais on a soin de leur donner un pour-boire.

Si l'on se décide à faire l'ascension extérieure, ils s'approchent, vous prennent par les reins, ou les cuisses, et vous hissent d'assise en assise jusqu'à la pointe. Si on est pris de vertige, ils vous chargent sur leurs épaules et vous rapportent au pied de la pyramide. On n'a point de souvenir qu'il soit jamais arrivé d'accident.

Je ne fus point frappé de la hauteur de ces monuments, qui ne me semblaient guère plus élevés que la cathédrale de Strasbourg. Je n'eus pas envie d'en faire l'ascension extérieure; mais je fus curieux de monter intérieurement, jusqu'à une salle où se trouve un sarcophage en granit, qui sans doute, a recélé autrefois la momie de quelque Pharaon, peut-être celle de Chéops.

Mon compagnon de voyage ne fut point d'avis de faire avec moi cette ascension. Il préféra m'attendre au pied du monument, tout en contemplant avec délices la beauté de cette contrée. L'ouverture de la voie qui conduit intérieurement aux deux tiers environ de la hauteur de la grande pyramide, est très-étroite. Il y a place uniquement pour deux hommes marchant côte à côte. La lumière extérieure n'y pénètre d'aucune manière. Cette voie est très-sinueuse, tantôt horizontale et tantôt d'une pente rapide, presque verticale. Le sol et les parois sont luisants comme un marbre bien poli. J'étais escorté par cinq hommes, dont l'un marchait en avant avec une bougie. J'étais perché sur les épaules de deux autres qui marchaient côte à côte, en s'appuyant contre les parois de la voie, et se cramponnaient à un quatrième qui les précédait, tandis qu'un cinquième les soutenait par derrière. Après bien des tours, des détours et de grands efforts, nous atteignîmes le but désiré. Je me trouvais dans une vaste pièce carrée, dont les côtés en granit, étaient parfaitement polis et parallèles aux quatre côtés de la pyramide. La hauteur de cette salle me parut être d'un peu plus de deux mètres. Au milieu se trouvait un sarcophage en granit, poli à l'intérieur et à l'extérieur. Le vide était de deux mètres en longueur, soixante centimètres en largeur et autant en profondeur.

Mon inspection des lieux se fit rapidement, il me tardait de sortir de cette périlleuse et sombre caverne. Je ne perdais pas de vue la bougie, et je craignais qu'elle ne manquât trop tôt. Mais avant tout, il fallut compter avec mes Mameluks.

L'un d'entr'eux baragouinait un peu le français, avec l'habitude de tutoyer tout le monde. Avant d'opérer le retour, il voulut s'assurer que je leur donnerais un pour-boire. Tu peux y compter, je te le promets. Dans ce cas, me dit-il, il faut nous le remettre maintenant, car notre chef, qui se trouvera au pied de la pyramide, verrait d'un mauvais œil, qu'on nous donnât quelque chose, attendu que nous n'avons pas le droit de rien exiger.

Cet argument me parut avoir son prix. J'ouvris mon porte-monnaie sur lequel mon interlocuteur ne manqua pas de diriger son regard. Il me restait trois piastres en monnaie d'argent; je croyais être assez généreux en en remettant deux au postulant. Après les avoir roulées entre ses doigts, il trouva que ce n'était pas assez, attendu qu'ils avaient eu et continueraient à avoir soin de moi. Je consentis à faire le sacrifice de ma 3e piastre. Mais le solliciteur infatigable ne se tint pas encore pour satisfait. Tu vois bien, me dit-il, que nous ne pouvons pas partager ces trois piastres; nous sommes cinq, donne encore deux piastres pour que chacun ait la sienne.

Je me défendis en disant que je n'en avais plus, et pour preuve, il fallut lui ouvrir de nouveau mon porte-monnaie; mais le renard avait des yeux pointus qui ne laissaient rien inaperçu. Il me fit bien vite remarquer le petit compartiment fermé qui se trouvait au milieu. Il y a encore quelque chose làdedans, me dit-il. Mais non, benet que tu es, lui répliquai-je, tu vois bien que c'est le fermoir de mon porte-monnaie, et du même coup je le remis en poche.

Une plaisanterie me vint à l'esprit : si cet importun s'avisait de te mettre le pouce sous le menton et de te coucher dans ce sarcophage, il faudrait bien t'exécuter. La couchette du vieux Pharaon n'avait pour moi rien de tentant. Pour mettre fin à une discussion qui me faisait perdre un temps précieux, je promis de donner deux piastres de plus quand je serais hors de ce labyrinthe; que l'ami qui m'attendait me les prêterait.

Le Mameluk y consentit, mais à condition que son chef ne saurait rien. La descente se fit avec le même cérémonial que l'ascension. Mon premier soin en revoyant la lumière du jour, fut de prendre à part le brave capitaine Ploton, et de le prier de me prêter deux piastres. Ah ! me dit-il, je parie que vous vous êtes laissé flouer. Vous avez peut-être raison ; lui dis-je, mais enfin j'ai promis, je veux tenir ma promesse.

Muni des deux piastres, je les remis à mon importun solliciteur, qui s'était mis à l'écart pour les recevoir. Tout était pour le mieux. Je croyais en avoir fini. Mais voilà qu'un sixième personnage qui nous avait suivi avec une cruche d'eau et que je n'avais pas aperçu, exclu du partage par ses confrères, vint réclamer à son tour. Mais je n'eus pas besoin d'entrer en discussion avec lui. Mon capitaine se chargea de l'affaire. Menacé du bâton, le porteur d'eau prit la fuite. Le chef qui avait remarqué cet incident, voulut avoir des explications. Il voulut savoir ce que j'avais donné et connaître la partie prenante. Je répondis à son désir selon la vérité.

Le Mameluk fut invité à s'approcher, et le chef aussi cupide que ses satellites, fit exhiber les piastres, s'en empara, les mit en poche en accablant de reproches et de menaces ses subordonnés.

Je ne sais si plus tard, il partagea avec eux.

Cette ascension me coûta cinq piastres, soit fr. 27, 50.

Après avoir pris notre déjeûner, nous enjambâmes de nouveau nos ânes pour regagner le Caire.

Notre drogman, qui avait été témoin de ce qui s'était passé au pied de la grande pyramide, nous aurait aussi dupé à son tour, sans l'intervention du maître d'hôtel, preuve évidente que les Chinois, les Arabes et les Mameluks, doivent être de la même famille, quoi qu'on puisse objecter contre leur origine commune.

Notre hôtel était contigu à une jolie maison, construite dans le jardin où le général Kléber fut assassiné. Il y a dans le voisinage une grande place publique avec promenades et jardins, et au milieu une estrade où tous les soirs, une troupe de musiciens exécutent des morceaux de musique.

La ville du Caire est très-étendue et bien bâtie. Son aspect est tout européen.

Le 17 mai, de bon matin, nous montâmes en chemin de fer pour Alexandrie, et allâmes loger à l'hôtel d'Orient, tenu par un Prussien.

Le parcours du Caire à Alexandrie est bien différent de celui de Suez au Caire. Ce dernier n'offre que des sables à perte de vue, tandis que celui du Caire à Alexandrie présente l'aspect d'une contrée riante et fertile. On traverse des champs et des prairies. Ces terres sont divisées par parcelles, comme dans beaucoup de contrées de la France. On était en pleine moisson, à l'époque de notre passage. Ces pièces de terre étaient couvertes de javelles, de gerbes; d'autres attendaient le coup de faucille; sur d'autres encore, étaient semées de petites meules de foin artificiel.

La voie ferrée traverse plusieurs fois le Nil et touche à beaucoup de localités. Les vagons chargés de sacs de céréales attestent par leur nombre la fécondité du pays. Alexandrie en est le dépôt pour l'embarquement. Le mouvement commercial est considérable dans cette ville. Sa physionomie est tout européenne. Sur la plus grande partie des devantures de magasins, on lit des noms français. Cette ville est remplie d'objets d'art et de curiosités, que le peu de temps dont je pouvais disposer, ne me permit pas de visiter. Il m'aurait été bien agréable de pouvoir prolonger mon séjour à Alexandrie; car au temps de sa splendeur, cette ville était la première du monde après Rome. Fondée par Alexandre le Grand, en 332 avant J-C., elle devint la capitale de l'Egypte sous les Ptolémées et les Romains. Cette ville possédait la plus riche bibliothèque du monde, elle fut presque entièrement détruite un demi siècle avant J-C., lors d'une insurrection terrible que César eut à y réprimer.

Alexandrie a joué un rôle important dans l'histoire des premiers siècles de l'Eglise chrétienne. Les Musulmans qui s'en emparèrent plus de 600 ans après J.-C., achevèrent la ruine de cette grande et antique cité. Depuis le commencement de ce siècle, Alexandrie a repris beaucoup d'importance, et notamment sous le gouvernement de Méhémet-Ali. Ce ne fut qu'en courant, que je pus voir et la ville et le port, l'aiguille de Cléopâtre dans le bas de la ville, et la colonne de Pompée près du cimetière, sur une hauteur qui la domine. Ces colonnes très-élancées et d'un seul bloc de granit, diffèrent de l'obélisque de Lougsor, (*) en ce qu'elles sont dépourvues de hiéroglyphes et d'inscriptions.

Après un séjour de 24 heures dans cette ville si intéressante, il fallut reprendre la mer. Les deux frégates, *Eldorado* et *Ulloa*, attendaient dans le port le chargement de la *Dryade*, transporté de Suez par le chemin de fer. Ce fut sur l'*Ulloa* que je pris passage.

Ce bâtiment fit dans six jours et demi la traversée d'Alexandrie à Toulon. Le 22 mai vers huit heures du matin, nous étions à l'entrée du golfe de Messine. On pouvait, à l'œil nu, découvrir sur la gauche, le mont Etna couvert de neige,

(*) Lougsor est un village de la haute Egypte, qui occupe une partie de l'emplacement de l'ancienne Thèbes, à la droite du Nil; ce lieu est remarquable par ses superbes débris. C'est de Lougsor que vient le bel obélisque qui décore la place de la Concorde, depuis 1836; il paraît dâter de Sésostris.

et laissant échapper de son sommet une fumée blanche très-épaisse.

A l'endroit le plus resserré du détroit, nous avions sur notre droite la petite ville de Scylla, peu élevée au-dessus du niveau de la mer, située à la pointe sud de l'ancien royaume de Naples, et sur notre gauche, Charybde dont les maisons sont échelonnées sur la pente d'une côte rocheuse, élevée et très-escarpée. Il semble que du haut de cette ville, en prenant son élan, on pourrait sauter à Scylla.

Suivant la fable, Scylla, nymphe sicilienne, fut aimée de Glaucus ; mais Circée, sa rivale, la changea en un rocher qui avait la forme d'une femme, dont le buste et la tête s'élevaient au-dessus des eaux, et dont les hanches étaient couvertes par les têtes de six chiens monstrueux, ouvrant de larges gueules et aboyant sans cesse. L'eau qui tourbillonne autour des rochers, formait un gouffre plus redoutable que celui de Charybde. Celle-ci femme de Sicile, toujours selon la fable, ayant volé des bœufs à Hercule, fut foudroyée par Jupiter et métamorphosée en un gouffre affreux. Le danger qu'offrait jadis le passage entre ces deux écueils, a donné lieu au proverbe connu : *tomber de Charybde en Scylla.*

Aujourd'hui le danger n'existe plus : Les mêmes commotions volcaniques qui autrefois avaient occasionné l'effroi des navigateurs, ont, à ce qu'il paraît, changé l'aspect des lieux, et le passage s'opère sans difficulté.

En sortant de ce détroit nous avions sur notre droite la ville de Reggio, et sur notre gauche, Messine aux maisons blanches, bâtie sur le penchant de la montagne. Les deux côtes qui longent la mer, n'ont rien à s'envier ; elles offrent à l'œil un aspect aussi riche que ravissant. Du haut en bas, elles sont cultivées, et en grande partie, emplantées de vignes, et de distance en distance, couvertes de jolies habitations.

Sur la gauche de Messine et dans la direction de l'Etna, on aperçoit le Stromboli, dont le cratère vomit continuellement des flammes. Le Stromboli est une montagne isolée entre la Sicile et le continent napolitain. L'Etna, le Stromboli et le Vésuve sont sur une même ligne.

Le 23 mai à une heure du matin, l'*Ulloa* franchissait le détroit de Bonifacio. Nous avions sur notre gauche la Sardaigne, et sur notre droite la

Corse. L'obscurité de la nuit ne permettait pas de voir distinctement les côtes voisines. On ne pouvait apercevoir que de la neige sur la cime des plus hautes montagnes de la Corse.

C'est dans ce détroit, vis-à-vis de Bonifacio, non loin de la Corse, qu'en 1855, s'est perdue la *Semillante*, qui portait de l'artillerie et un escadron du 8ᵉ hussards en Crimée. Le personnel porté par l'*Ulloa* ne traversa pas ce lieu néfaste, sans éprouver un ressentiment douloureux.

Notre navire ne tarda pas à s'éloigner des montagnes et tout disparut à notre vue, sauf le ciel et l'eau.

Le 24 à 11 $^1/_4$ heures du soir, l'ancre fut jetée devant Toulon. Nous étions heureux de nous trouver à la porte de notre chère patrie, dont nous n'apercevions que quelques points lumineux.

Nos hamacs devinrent pour cette nuit, des lieux de repos délicieux, comme si nous avions été chacun chez nous, couchés dans de bons lits.

Le lendemain 25, dès 7 heures du matin, les canots du bord et du port, furent occupés à transporter les passagers à terre.

Ce ne fut pas sans éprouver un vif sentiment de joie et de reconnaissance pour celui qui dirige tout avec une sagesse infinie, que je mis le pied sur le quai de Toulon et que je me rendis à l'hôtel de la Croix de Malte, où j'avais passé ma dernière journée sur le sol de la France.

Dans l'après-midi, je me fis conduire à bord de l'*Ulloa* pour prendre possession de mes bagages, les faire visiter à la douane et transporter à mon hôtel. Ce fut pour moi une agréable promenade en mer.

Ce long voyage venait de s'accomplir par une traversée des plus heureuses. Depuis notre départ de Shang-haï, le 8 mars, jusqu'à notre arrivée à Toulon le 25 mai, le temps nous fut toujours favorable et, comme disent les marins, nous avions navigué sur une mer d'huile.

Sur les 200 malades partis de Chine et dont le plus grand nombre avait été apportés sur des litières, à bord de la *Dryade*, il en resta moins de 40 en route, ce qui prouve que la mer n'est pas aussi nuisible aux malades qu'on serait tenté de le croire.

Je dois dire, en terminant, que, si les éléments si funestes par fois dans des voyages lointains, m'ont été favorables, je n'en ai pas moins de reconnaissance pour tous mes compagnons de voyage, qui, par les rapports bienveillants et affectueux que j'ai eus avec eux, ont beaucoup contribué à me fortifier et à m'aguerrir contre les dangers de la mer. Ils vivront dans mon souvenir autant que je vivrai moi-même.

FIN.

ERRATA.

Page 27 ligne 8, *au lieu de:* la la vue *lisez:* la vue.
id. 34 id. 7, *au lieu de:* départation *lisez:* déportation.
id. 35 id. 3, *au lieu de:* escortés *lisez:* escortées.
id. 38 id. 5, 6 et 14, *au lieu de:* Ray *lisez:* Bay.
id. 50 id. 12, *au lieu de:* mains mains *lisez:* mains en mains.
id. 60 id. 25, *au lieu de:* port *lisez:* pont.
id. 65 id. 13, *au lieu de:* Régent *lisez:* Prégent.
id. 67 id. 9, *au lieu de:* je débarqai *lisez:* je débarquai.
id. 67 id. 21, *au lieu de:* Fouville *lisez:* Souville.
id. 85 id. 4, *au lieu de:* pratictable *lisez:* praticable.
id. 90 id. 5, *au lieu de:* scultures *lisez:* sculptures.
id. 93 id. 19, *au lieu de:* humaius *lisez:* humains.
id. 96 id. 13, *au lieu de:* par *lisez:* partie.
id. 163 id. 5, *au lieu de:* Leinaux *lisez:* Limoux.
id. 193 id. 24, *au lieu de:* feu *lisez:* bleu.
id. 212 id. 8, *au lieu de:* toile *lisez:* tôle.
id. 216 id. 16, *au lieu de:* s'élèvont *lisez:* s'élèvent.
id. 229 id. 23, *au lieu de:* portant regards *lisez:* nos regards.

www.ingramcontent.com/pod-product-compliance
Ingram Content Group UK Ltd.
Pitfield, Milton Keynes, MK11 3LW, UK
UKHW012205240726
13966UKWH00002B/584